潜意识
挖掘术

谭晓明◎编著

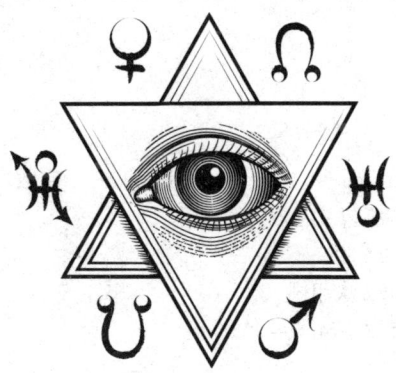

中国华侨出版社
·北京·

图书在版编目 (CIP) 数据

潜意识挖掘术 / 谭晓明编著 . —北京：中国华侨出版社，2013.3（2024.5 重印）

ISBN 978-7-5113-3408-4

Ⅰ. ①潜… Ⅱ. ①谭… Ⅲ. ①下意识 – 通俗读物 Ⅳ. ① B842.7-49

中国版本图书馆 CIP 数据核字（2013）第 054851 号

潜意识挖掘术

编　　著：	谭晓明
责任编辑：	唐崇杰
封面设计：	周　飞
经　　销：	新华书店
开　　本：	710 mm×1000 mm　1/16 开　印张：12　字数：136 千字
印　　刷：	三河市富华印刷包装有限公司
版　　次：	2013 年 3 月第 1 版
印　　次：	2024 年 5 月第 2 次印刷
书　　号：	ISBN 978-7-5113-3408-4
定　　价：	49.80 元

中国华侨出版社　北京市朝阳区西坝河东里 77 号楼底商 5 号　邮编：100028
发 行 部：（010）64443051　　　传　真：（010）64439708
网　　址：http://www.oveaschin.com　　E-mail：oveaschin@sina.com

如果发现印装质量问题，影响阅读，请与印刷厂联系调换。

行为心理学家表示,人类生活的 90% 以上是受潜意识支配的。所以说,无法对这种力量形成正确认知并加以有效利用的人,他们的生活是非常狭隘的。换言之,我们必须要给潜意识输入正面的、积极的暗示,如此,我们才能为自己输入正能量,激发出自己的最大潜能。

要知道,潜意识这种能量是非常巨大的,潜能大师博恩·崔西曾经说过:"人的潜能是我们现实能量的 3 万倍以上。"假若说我们能够将潜意识利用好,那么我们的人生必然会出现极为惊人的变化。

但是,潜意识这种东西它本身是没有分辨能力的,它不会辨别你的想法是好是坏,是对是错,它只会根据你的想法或者说你所暗示的信息,毫无悖逆的照令执行。假如说,你给予它的是错误的信息、是有损我们人生的信息,它也会当作正确信息来对待,并展开行动,使这种错误成为现实。

而且,潜意识,它的记性极差,需要人们给予它强烈的刺激或重复刺激,它才会对这种暗示留下深刻印象,并反映到行动上。这也就是我们所说的习惯,习惯是潜意识中最常见的表现形式之一。

假如说，我们能够不断给予潜意识以正面的暗示，那么久而久之就一定会形成良好的个人习惯，这显然是对我们大有裨益的。

而笔者编写此书的目的，就是希望能够帮助大家形成一种良好的心理暗示，让我们通过不断刺激潜意识，从而培养出好习惯，激发出潜能力，为生活开辟出一片新的天地。

我们来打个比方：

当你无法控制自己的情绪时，你该怎么做？

这本书会告诉你答案，告诉你如何培养健全的性格，如何改掉偏执的大病，如何控制你的脾气，如何将浮躁转化为平静……

再比如：在你对自己丧失了基本的信心，你的潜意识中觉得自己一无是处时，你该怎么做？

翻开这本书，你会知道你想知道的答案。它会告诉你如何解除心中的恐惧，如何驱除自卑的情绪，如何利用潜意识点燃你的信心……

又比如：在你感觉不堪重负，压力无法承受时，你该怎么办？

别着急，它还能帮助你解决这一问题。这本书会告诉你，如何在逆境中打造积极的心态，如何突破人生的极限，如何在潜意识的帮助下将压力从身上驱赶出去……

当然，潜意识很奇特，它能够发挥的作用有很多，它对我们人生的影响也远不止于此，在这里我们就不一一叙述，如果你存在这方面的困扰，如果你希望潜意识能够帮助你解决生活中的难题。那么，翻开它，它一定会对你大有裨益。

第一辑　强化自控意识，不做情绪的奴隶

意识有时会发飙，它会倒过来掌控我们，使我们变成情绪的奴隶，从而做出悔之莫及的事情。如今，打开新闻网页，我们经常会看到那些非常偏激和疯狂的事情，这证明，当"自我自由意识"被过于强烈地误用，会出现严重的后果。所以说，我们必须对自控意识做出强化和调整，这样才能令我们活得更理智、更明智。

自控第一步：培养健全性格　//002

自控第二步：改掉偏执的弊病　//005

自控第三步：收敛你的坏脾气　//007

自控第四步：将失望从心中摘除　//011

自控第五步：遭遇冲突，克己让人　//014

自控第六步：忘记怨恨，学会原谅　//019

第二辑　激发自信意识，脱离自卑的樊篱

信心这种心理状态，我们完全可以利用成功暗示法将其诱导出来。我们对自己重复地灌输正面和肯定的思想，将一些正面的、肯定的、自信的语言反复暗示和灌输给我们的潜意识，并将其转化为行动。那么，不用多久，这些东西就会在我们的潜意识中牢牢扎根，我们就会变得越发自信起来。

自信第一步：了解自卑，克服自卑 //026

自信第二步：向恐惧告别 //032

自信第三步：点燃信心 //037

自信第四步：谨记——天生我材必有用 //042

自信第五步：将自己定位为成功者 //046

自信第六步：向瓶颈发出挑战 //049

第三辑 开发创新意识，走出人生的城堡

创新能力是人们在某一领域所表现出的独特、杰出、非凡而有价值的才能。它不能单纯地说是一种能力，而是以创造性思维为核心的诸多能力的综合。而创新意识，正是成功创新最不可缺少的因素之一，所以说，我们必须在日常的社会实践中去反复刺激它的产生。

创新第一步：学会用两种方法思考问题 //054

创新第二步：寻找正确的做事方法 //058

创新第三步：摆脱思维定式，要灵活机动 //061

创新第四步：敏于生疑，敢于存疑，能于质疑 //066

创新第五步：开发发散思维 //070

创新第六步：化腐朽为神奇 //073

创新第七步：运用反向思维 //077

创新第八步：摆脱别人的影响 //082

第四辑　培养抗压意识，摆脱命运的打击

抗压意识对个人成长至关重要。因为每个人的成长过程都不可能一帆风顺，因为我们不是生活在真空中，我们必然要承受各种不可预测的挑战或苦难。而抗压意识，可以告诉我们如何去面对这些人生中的纷纷扰扰。

抗压第一步：在低起点上打造高心态 //086

抗压第二步：学会在逆境中前进 //089

抗压第三步：培养"咬定青山不放松"的毅力 //092

抗压第四步：练恒心，这是接近成功的最好途径 //096

抗压第五步：拒绝依赖，要有自救精神 //102

抗压第六步：留住心中的"自我" //105

抗压第七步：要敢于向高难度挑战 //109

第五辑　调动机遇意识，抓住成功的手臂

机遇意识，是一种体现预见性、把握规律性、富有创造性的战略思维。它可以帮助我们站在战略全局的高度对工作、事业的发展，进行规律性、系统性、前瞻性的思考，令我们在面对问题时可以"想大事、谋全局"，从而在行动中占得发展先机，赢得主动。一个成功的人生少不了机遇意识，这就需要我们经常给予潜意识把握机遇的暗示，让自己在反复的行动中学会掌握先机。

投机第一步：不要畏缩，否则将丢失机遇 //114

投机第二步：培养信息意识，别对好机会视而不见 //116

投机第三步：要有自我推销意识，把握职场机遇 //119

投机第四步：学点审时度势，懂点随机应变 //125

投机第五步：练就雷厉风行的性格 //129

投机第六步：掌握点成功的诀窍 //134

第六辑 塑造竞争意识，争取骄人的成绩

这是一个充斥着竞争的时代，在这个以超过往日几倍甚至几十倍的高速度发展的时代，昨日的富商大贾，今天就有可能落魄街头；甚至早上还发红发紫的明星，晚上就有可能成为明日黄花。所以，这个时代呼唤竞争意识，对于想要在人生事业上有所发展的个人而言，这一点尤其重要。故而，我们应当努力去培养自己的竞争意识，从容地去面对竞争。

竞争第一步：你必须与命运"争" //138

竞争第二步：留住心中那份豪气 //141

竞争第三步：要有一颗"不安分"的心 //145

竞争第四步：找到人生的短板 //147

竞争第五步：要有一颗向学的心 //150

竞争第六步：发现优势，培养专长 //154

第七辑 常怀忧患意识，迈过暗藏的险地

假如说，我们没有"忧患"的磨炼，没有失败教训的反思，要培养出刚强意志、进取精神，那是相当有难度的。先贤孟子将这些道理提炼到人生哲学的高度，他说"生于忧患而死于安乐"，可谓字字珠玑。是的，忧患足以使人生存发展，安乐却足以使人沉沦死亡。是故我们必须打通忧患意识，迈过那些人生中暗藏的险地。

避险第一步：要有"空杯心态" //160

避险第二步：气勿太盛，太盛则危 //163

避险第三步：远离好高骛远的陷阱 //167

避险第四步：改掉逞能的毛病 //171

避险第五步：常存敌患意识 //174

避险第六步：警惕糖衣炮弹 //177

第一辑
CHAPTER 1

强化自控意识，
不做情绪的奴隶

意识有时会发飙，它会倒过来掌控我们，使我们变成情绪的奴隶，从而做出悔之莫及的事情。如今，打开新闻网页，我们经常会看到那些非常偏激和疯狂的事情，这证明，当"自我自由意识"被过于强烈地误用，会出现严重的后果。所以说，我们必须对自控意识做出强化和调整，这样才能令我们活得更理智、更明智。

自控第一步：培养健全性格

培养健全的性格，做一个身心健康的人，是人们发展自身、完善自身的美好愿望和追求。只有心理健康了，一个人才能称得上身体健康，才能少生病或不生病。只有做到心理健康，一个人才能泰然面对复杂、纷繁的世界，才能从容参与、适应现代快节奏的社会生活，才能开发出自己隐藏的潜能，才能最终获得人生的成功。

那么，人怎样才算心理健康呢？从美国心理学家罗杰斯提出的"未来新人类"的阐述中我们可以找到一些答案，"未来新人类"具备如下优秀的性格特征：

具有开放、开朗的人生态度。对世界（个人内在、外在世界）、对自身的经验开放、开朗，不固执己见、呆板、冷漠、闭锁，有崭新的视野和生活观，有崭新的观念、思想与鉴赏力。在日常生活中，可以重复敬畏、快乐、满足、惊讶的神秘玄妙的心理体验，可以感受浩瀚澎湃的心潮波澜，从而领悟人生世界的无尽。在生命中不断寻求生命本身的意义，超越小我。

活力自信，淡泊名利，这种生活态度并不重视物质享受，而重视生命的过程。清楚地觉察人生是一个经常变化的过程，深知变化过程中存在困难和冒险，但却充满活力。面对生活中很多的不确定，不会惊慌失措，并能容忍新奇和不熟悉事物所带来的疑虑，认为失败和挫折是生命的一部分，具有勇敢及遭受失败时的复原力，具有人生的自信。不在乎物质享受与报酬，金钱、名利与地位等都不是人生目标，尽管也懂得享受丰裕悠然的生活，但却不把这些作为生活的必需品。对现实有较强的洞察力并与现实有较良好的关系，对周围环境中的人和事物都有敏锐的警觉。

渴望人生能达到宁静致远的境界，平衡与进退有度。视生活是均衡，在任何事情上很少是过度的。与宇宙大地融为一体，与大自然和谐共处，倍感亲切。关注生态并照顾生态，能从大自然的动力中获得欢愉，但无意征服大自然。反对将科技用来片面征服自然界、控制人类，而且很愿意支持科技促进人的发展。

渴求人和人之间真实可靠的亲密关系，能与别人建立深厚的人际关系，有吸引力，能让人欣赏及追随，有选择地交朋友。

渴望成为整合的人，不喜欢支离分割的内心世界。努力争取过一个整合的人生。自身的思维、感受、身心、心灵等在个人的经历中，都能有良好的整合。

能够认识与接纳自己人性中的各种缺点、不完美、软弱与短处，不会因存在不足而感到羞愧难过，或因此而否定自己。不但要接纳自己，同时也要接纳与尊重别人，故而也不会批评他人这些缺点。诚实、开放、真挚，不装腔作势，不遮掩文饰，也不自满。对自己、他人及社会的现况很留心，同时更关心怎样改善现实与理想之间的差距。具有一定的自发性，不受传统惯例的束缚，不是顺命者，不是盲从附和的人，但也不会仅为叛逆而做叛逆者。其行动动机不是因外界的刺激而产生，而是基于内在个人成长发展的动力与自我潜能的实现。

以问题为中心。犀利健康的人都不会以自我为中心，而将目光都集中在自己以外的问题上。更富有使命感，往往基于尽责任、尽义务和尽本能的意识行事，并不依照个人的偏好为人处世。

有超然脱俗的本质、静居独处的需要。心理健康的人懂得享受人生中孤独和退隐的时刻，这一特征可能和一个人的安全感与自足感有关。当面对一些会令一般人不快的事情时，可以保持冷静，处变不惊，甚至可以表现得与众不同、超脱社群。

有自制力的人们，不受文化背景与周围环境影响，虽然也依赖别人来满足一些基本的需要，如爱护与安全感、尊重与归属感，但其主要满足却并不依赖这个现实的世界，其重视的不是一般外在的满足，而是自己潜能与个人资源不断得到发展和成长。心理健康的人们都有高度的德行，他们将手段和目的分得很明确，让目的来支配手段。

具有民主的性格。心理健康的人对他人极为尊重，并不会因阶级、教育、种族或肤色歧视别人。因为其清楚自己的认识很有限，因而有谦虚的态度，随时准备向他人学习，尊重每一个人，认为他们都可随时帮助自己增进知识、做自己的老师。

具有哲理的、无敌意的幽默感。其幽默感并不是普通的幽默感，而是自发的、富含思想性的、能透彻地显示个人生活体验的幽默感。这种幽默不含敌意，不高抬自己，也不讥讽嘲弄别人。

自控第二步：改掉偏执的弊病

具有偏执型性格的人固执己见，对人对事抱猜疑、不信任的态度。其主要表现就是在人际交往中常猜疑他人，过度警觉，遇到矛盾就推诿或责怪他人，强调客观原因，看问题倾向以自我为中心，自我评价过高，心胸狭隘，不愿接受批评，经常挑剔他人的缺点，容易产生忌妒心理，常常闹独立。

每个人的性格当中都有或多或少的缺陷，不过，一旦我们能够善于避开它们，这些缺陷也就不足为奇了。

了解自己的性格缺陷，并自觉主动地加以纠正，有助于我们的身心健康。如果明知自己的缺陷而放任自流，你的一生将永远与成功无缘。要努力克服自身的弱点，走向成功，培养自己优良的性格。

假如他们的看法、观点受到质疑，往往会与人争论、诡辩，甚至冲动地攻击他人。他们的心理活动常处于紧张状态，由此，表现得孤独、无安全感、沮丧、阴沉、不愉快、缺乏幽默感。偏执型性格缺陷者假如不及时接受心理教育，纠正自身的心理缺陷，就有可能发展为偏执型精神分裂症。一些严重的偏执型性格者，就有可能是精神分裂症患者。

偏执型性格缺陷的心理纠正方法通常有以下几种：

认知提高法。这类人对他人不信任，敏感多疑，对任何善意忠告都很难接受。对此，应在相互信任和情感交流的基础上，较全面地向他们介绍性格缺陷的性质、特点、表现、危险性和纠正方法。具备自知力，能够自觉自愿地要求改变自己的性格缺陷,是认知提高训练成功的指标,也是参加心理训练最起码的条件。

交友训练法。积极主动地进行交友活动。交友及处理人际关系的原则要领是:真诚相见,以诚交心。必须采用诚心诚意、肝胆相照的态度,主动积极地交友;要坚信世界上大多数人是好的和比较好的,并且是可以信赖的;不应该对朋友,特别是对知心朋友存在偏见、猜疑。

交往中尽量主动给予知心好友各种各样的帮助。主动地在精神上与物质上帮助他人,有助于以心换心,取得对方的信任,从而巩固友谊关系。特别是当他人在困难时,更应该鼎力相助,患难中见真情,这样做最能取得朋友的信赖和加强友好情谊。

注意交友的"心理相容原理"。性格、脾气的相似或互补,有助于心理相容,搞好朋友关系。假如两个人都是火暴脾气则不容易建立稳固、长期的友谊关系。但是,最基本的"心理相容原理"条件,是思想意识与人生观相近,这是保持长期友谊的基础。

自省法。自省法是通过写日记的形式来表达自身的感受,每天临睡前回忆当天的所作所为情景,进行自我反省的方法。该方法有助于纠正偏执心理,是一种很有效的改变自己心理行为的训练方法,对于塑造健全优秀的人格品质与自我教育,效果明显。

自控第三步：收敛你的坏脾气

坏脾气总是会把我们的生活搞得一团糟，这不单单对你的心情会有影响，还有可能会影响到你与朋友之间的友谊，与家人之间的和睦，甚至改变你一生的走向。怎么说我们也已经是个成年人了，我们不能再像个孩子一样任性撒泼，我们应认识到，被情绪所左右会给我们的人生带来多么严重的后果。所以，从现在开始，好好克制住你的坏脾气吧，不要因为一时的冲动，毁了自己一辈子的快乐生活。

那么借问一句，你是不是一遇到事情就紧锁眉头，动不动就火山爆发，这种行为经常会让身边的人大跌眼镜。不要觉得好笑，这种现象我们当中还真不是少数，它经常会在没有事先预料的情况下爆发出来，除了身边的人会因此对你敬而远之以外，还很有可能让你失去很多机会，甚至还会影响到你今后的快乐人生。

生活不可能平静如水，人生也不会事事如意，人的感情出现某些波动也是很自然的事情。可有些人往往遇到一点不顺心的事便火冒三丈，怒不可遏，乱发脾气。结果非但不利于解决问题，反而会伤了感情，弄僵关系，使原本已不如意的事更加雪上加霜。与此同时，生气产生的不良情绪还会严重损害身心健康。

美国生理学家爱尔马通过实验得出了一个结论：如果一个人生气10分钟，其所耗费的精力，不亚于参加一次3000米的赛跑；人生气时，很难保持心理平衡，同时体内还会分泌出带有毒素的物质，对健康十分不利。

虽然人人都有不易控制自己情绪的弱点，但人并非注定要成为自己情绪的奴隶或喜怒无常心情的牺牲品。当一个人履行他作为人的职责，或执行他的人生计划时，并非要受制于他自己的情绪。要相信人类生来就要主宰、就要统治，生来就要成为他自己和他所处环境的主人。一个心态受到良好训练的人，完全能迅速地驱散他心头的阴云。但是，困扰我们大多数人的却是，当出现一束可以驱散我们心头阴云的心灵之光时，我们却紧闭着心灵的大门，试图通过全力围剿的方式驱除心头的情绪阴云，而非打开心灵的大门让快乐、希望、通达的阳光照射进来，这真是大错特错。

我们是情绪的主人，而不是情绪的奴隶。

著名专栏作家哈理斯和朋友在报摊上买报纸时，那朋友礼貌地对报贩说了声"谢谢"，但报贩却冷口冷脸，没发一言。"这家伙态度很差，是不是？"他们继续前行时，哈理斯问道。"他每天晚上都是这样的。"朋友说。"那么你为什么还是对他那么客气？"哈理斯问他。朋友答道："为什么我要让他决定我的行为？"

一个成熟的人握住自己快乐的钥匙，他不期待别人使他快乐，反而能将快乐与幸福带给别人。每人心中都有把"快乐的钥匙"，但乱发脾气的人却常在不知不觉中把它交给别人掌管。我们常常为了一些鸡毛蒜皮的事情或者无伤大雅的事情而大动肝火，当我们对着他人充满愤怒地咆哮着的时候，我们的情绪就在被对方牵引着滑向失控的深渊。

有这样一个故事：

从前有个脾气很坏的男孩，他的爸爸给了他一袋钉子，告诉他：每次发脾气或者跟人吵架的时候，就在院子的篱笆上钉一根钉子——第一天，男孩钉了37根钉子。后面的几天他学会了控制自己的脾气，每天钉的钉子也逐渐地少了，他发现，控制自己的脾气，实际上比钉钉子要容易得多。

终于有一天，他一根钉子都没有钉，他高兴地把这件事告诉了他的爸爸。爸爸说："孩子，从今后如果你一天都没有发脾气，就可以在这天拔掉一根钉子。"日子一天一天地过去了，最后，钉子全被拔光了。爸爸带男孩来到篱笆边上，对他说："儿子，你做得很好，可是看看篱笆上的钉子洞，这些洞永远也不可能恢复了——就像你和一个人吵架，说了些难听的话或伤害对方的话，你就在对方的心里留下了一个伤口，就像这个钉子洞一样，插一把刀子在一个人的身体里，再拔出来，伤口就难以愈合了，无论你怎么道歉，伤口总是在那儿。"

看了上面的这个故事，我想你一定感慨良多，想想我们的坏脾气给自己的生活带来了多么大的麻烦吧！当你用一张死板的面孔面对自己的同事和下属的时候，当你用不耐烦的口气挂断父母的电话的时候，当你回到家对自己的家人大吵大嚷的时候，他们都将会以怎样的心情承担坏脾气带来的不良氛围呢？如果长此以往下去，你一定会变成一个不受欢迎，被别人敬而远之的人。因为别人也是人，别人也同样有自己的脾气、没有人能够永远包容你的坏脾气，更不会有人能长时间地容忍因为你的坏脾气给自己带来的麻烦。所以，我们应该努力管理好自己的情绪，以豁达开朗、积极乐观的健康心态去工作、去生活，而不是让急躁、消极等不良情绪影响到我们自己和身边那些最爱你的人。我们不要让自己的情绪影响自己的心情，更不要让自己的坏脾气影响到别人的心情。毫无疑问，我们应该成为自己情绪的主人，这样才能营造一个健康快乐的人生。

那么,我们是不是也要一有脾气就去钉钉子呢?当然不是,这不科学。其实我们可以这样做:

首先,增强你的理智感。也就是说,我们在遇到事情的时候要多思考,多想想前因后果,多替别人考虑考虑,不管你有理也好、无理也罢,都别太较真,放宽心去看事情,谨慎地做处理。一旦发现自己有冲动苗头,务必要及时克制。那些即将脱口而出的愤怒之言,我们最好让它在舌头上打几个圈,通过这种缓冲,让自己沸腾的血液冷静下来。我们不妨就这样,在即将爆发的时候,心里默念"冲动是魔鬼,谁碰谁后悔",告诫自己"冷静、冷静,三思、三思"。这在很大程度上能够帮助我们控制自己的情绪,增强大脑的理智思维。

再者,当我们发现自己情绪沸腾之时,为了避免它喷涌而出,不妨下意识地转移话题或者找点别的事情来做,借此分散自己的注意力,将精神头转移到其他活动上,让紧张的情绪松弛下来。譬如说,我们可以迅速离开那个让你恼火的地方,寻找一个能让人感染欢乐的处所;我们也可以去找知心的朋友谈谈心、散散步,就算大家都忙,你也可以一个人出去走走,通过这种冷却,我们盛怒的情绪就会得到缓解,心情便会慢慢平静下来。

我们还可以这样,可以找来一个日记本,在上面专门记载每一次发脾气的原因和经过,平时拿出来翻看一下,通过记录和回忆,在思想上进行分析梳理,这样我们一定会发现,其实很多时候我们脾气发得很无厘头、毫无价值的,如果你是个有良好是非观的人,你应该就会为自己的愚蠢感到很羞愧,有了这种心理暗示,相信你以后怒气发作的次数就会越来越少。

另外再给大家提个建议：倘若可以的话，我们平时不妨多听听节奏缓慢、旋律轻柔、音调优雅、优美轻松的音乐，这对于安定情绪，改变暴躁脾气而言，也是相当有帮助的。

总而言之，大家要认识到，人类的美不仅仅体现在外表，还体现在我们的修养上。如果你始终无法克制自己的坏脾气，它很有可能在你人生最关键的时候给你带来毁灭性的影响。毫无疑问，我们应该是最了解自己的那个人，无须过多的劝解，无须过多的证明，相信你一定知道，克制自己的坏脾气对于人生的意义是多么重要。

自控第四步：将失望从心中摘除

到了一定的年纪，成为职业经理人的美梦没有实现，理想中的精致生活也没能拥有，你感到失望了，待人接物无精打采，做起事来心不在焉，此时你要注意了，偶尔的失望可以理解，但不能让失望的情绪控制了你，否则你这辈子就真没什么指望了。

失望情绪就像讨厌的感冒一样。但是，连续不断的失望同连续不断的感冒一样，也会带来较为严重的后果。它会导致长期的悲观情绪以及一些由精神压抑引起的疾病，如溃疡、关节炎、头疼、背痛等。

长期对生活失望的人可分为三种类型。

第一种是妄自尊大型。这个类型的人指望得到特殊待遇。希望自己的房子比谁的都大，希望在饭店里吃最好的酒菜，希望别人享有的他自己通通享有。这种类型的人必须认识到他的要求是一切以自我为中心的，是不合情理的。

与第一类人截然不同的是饱受创伤型。这个类型的人由于早年受过严重创伤而对生活失去了希望，为了避免更大的失望，就期待着发生最坏的情况，以此来作为防备。于是，他觉得自己会第一个被解雇，办事会被骗。对于这类人，恶劣的情绪比他所面临的实际困难更为可怕，因为这类人总是感到幻灭，因而对生活总是抱着玩世不恭的态度。

而第三种是苛求自己型。这种人想讨好每个人。比如他去参加一个晚会时想着："我怎样才能赢得晚会上所有人的好感呢？"他时时刻刻揣测着别人对他的要求，结果，反而不知道自己想要什么，自己需要什么了。他总是失望，因为他不能满足每个人的要求。

生活的每个时期都有特定的内容，所以也就有不同的失望。儿童简直可以对任何一件事情感到懊丧，因为他对现实的认识太天真、太不充分了。随着年龄的增长，我们对现实的认识丰富起来了，我们的情绪也不再像儿童时那样变化无常了。然而，进入三十几岁时，我们才第一次看到，我们过去曾向往过的那么多目标是不可能都实现的，时间和机遇限制了可能性。我们的失望一般是围绕着事业上停滞不前之类的问题，或者，觉得自己已到了中年却还没能得到原先所冀望的舒适与安定，仍在为基本的生计而奔波忙碌。

在晚年，老人们似乎对两件事情感到失望：一个是没有受到应有的尊重；另一个是因为想到自己再也不能希望什么了。

我们必须承认，任何主观的空想都是不可能实现的。我们应该使我们的愿望灵活一些，这样，一旦遇到了难遂人愿的情况，我们就有思想准备放弃原来的想法。我们要看到，没有一个愿望是绝对神圣、不可更改的。

举个简单的例子，你去看戏，希望能见到一个你十分喜欢的演员。可是，就在开演之前，主持人宣布说那位明星演员病了，由B角出场。假如你死死坚持原来的愿望，你就会为演员的变动而嗟叹并愤愤不平地走出剧场。而如果你的愿望是灵活的，你则可能会挺喜欢这场演出，甚至会对B角的演技品评一番。

我们还需要在自己的愿望当中多做些有根有据的估计，少来点主观的臆想。

很简单，我们应追求与自己的能力大小相当的目标。如果我们对外语并不在行，却期望当上法文小说译作家，那就是异想天开。

那么，怎样才能从一场深深的失望中恢复过来呢？

首先要承认你受到的创伤和打击，不要掩饰它。然后，如果你愿意的话，可以难过一段时间。

接着，我们需要对所受的损失做一定分析。这最难，它要求我们领悟到：我们所期望的每一件事情都并非绝对不可缺少。

令人失望的事可以成为一次总结经验的机会，因为它用事实给我们上了一课，使我们清醒过来，正视生活的现实。它提醒我们重新考察自己的愿望，以便使之更加切合实际。

失望是谁都会有的情绪，因为世事毕竟不能尽如人意，不过在失望面前你不应气馁，而是应该把失望化作动力，继续为了自己的目标拼搏下去。

　　毫无疑问，这世界上并不存在万事如意的幸运儿，更多的人体会到的则是命运多舛的磨难。那些成功者，我们只看到了他们成功后的光环，却鲜有人知道他们历经的艰险，他们亦是在一次次的失败中站起来，在一次次的失望中重拾信心，百折不挠，才有了今天的成就。一个成年人必须学会克服失望的情绪，必须禁得起挫折与打击，才有可能为自己和家人铸造一个美好的未来。

自控第五步：遭遇冲突，克己让人

　　在生活中，有些人就是喜欢争吵，常常是无理也要争三分，得理则更是不饶人，非论个是非曲直不可。其实这种做法很不明智，吵架又伤和气又伤感情，不值。好在还有一些人，即使理在手中，也不声不响，得理也能让三分，显示出豁达的君子风度。前者活得斤斤计较，让人反感；后者活得自在潇洒，令人敬服。

　　其实，让人一步，就是让自己更进一步。为什么这样说呢？因为懂得让人就是有了谦虚心、智慧心、慈悲心！每让人一步，便是使自己的谦虚心、智慧心、慈悲心增长了一些。所以可以说，礼让也是一种福报。

在安徽省桐城市的西南一隅，有一条全长约180米、宽2米的巷道，当地人称为"六尺巷"。

据作家姚永朴《旧闻随笔》和《桐城县志略》等史料记载：清朝名臣张英便住在这里，张英历任礼部侍郎、兵部侍郎、工部尚书、翰林院掌院学士、文华殿大学士、礼部尚书等职，名声显赫，桐城人习惯将他称为"老宰相"，其子张廷玉称为"小宰相"，父子二人合称为"父子双宰相"。

当年张英家和一户姓吴的人家比邻而居，房屋之间有块空地被吴家给占用了，张家的人就送信给张英，让他出面干预。张英看罢来信，就写了首诗给家人，诗上说："一纸书来只为墙，让他三尺又何妨。长城万里今犹在，不见当年秦始皇。"家人见书明理，遂撤让三尺，吴家见此情景深感惭愧，亦退让三尺，这样张吴两家之间就形成了六尺宽的巷道，后人称为"六尺巷"。

张英轻启朱毫，四两拨千斤，简简单单的几句诗，就化解了原本剑拔弩张的邻里矛盾，为时人亦为后人做出了谦逊礼让、与人为善的绝好榜样。

事实上，张英的做法不仅是与人为善，而且他身居官场，处处都是陷阱，步步都得小心，正如古人所说，如临深渊，如履薄冰。稍不留神，就可能遭遇灭顶之灾，顷刻之间，家毁人亡。所以张英从大局着想，还是忍让为好，免得事情闹大了，虽然不至于当时影响他的前途，但从长远来看，未尝不是个祸患。让他三尺，不仅化解了无形的隐患，又解决了邻里的纷争，实在是一举两得。

我们知道，人是一种社会性的高等动物。人是社会的人，社会性是人的根本属性。人要在世间立身，就应该学会处世。吕坤认为，善处世"只于人情上做工夫"。

世间的人之常情是怎样的呢？吕坤认为，闻人之过则津津乐道，闻己之过则百般掩饰；见名利尽揽身上，见过失尽推他人；从薄处去推究他人情感，从恶边去揣度他人之心，这是天下人的通病。那么，怎样才能消除这些病痛呢？吕坤认为，首先要律己。自身要做到心诚，"诚则无心"，要有识见，身处污泥不被其玷污，不要把"你我"二字看得过于透彻，要有毫不利己，专门利人的精神，更重要的一点是要善于体察自己的过失。相对地说，客观公正地对待他人的过失比较容易些，而坦诚公正地认识自己就非常困难了。这是由于私欲等主观因素和非主观因素所造成。所以必须做到每日"三省吾身"，这是非常必要的。因为认识自我是安身处世的重要前提。

其次，要善于宽厚待人。由于人的能力有大有小，天下的事情应听凭各自的方便，决不能强求做到整齐划一，一刀切，只要能把事情办成就行。否则的话，即使人情备受痛苦，又是于事无补的。

人非圣贤，孰能无过？在正确对待他人的过失和错误上，吕坤提出了一系列的积极主张。如不以己所长而责备别人，责备人应留有余地，要谅人之愚，体人之情等，一字概括，即为"恕"字。这里，吕坤指出劝善应以教育为主，既要指明对方的错误，使对方改过自新，又要考虑对方的承受能力。要分析对方的心理特点，千万不可以权压人，以理压人，以法压人，把对方逼上绝路。那只能使对方负隅顽抗，更加肆无忌惮。吕坤认为，人一旦到了无所顾忌的地步，就无所谓尊严、刑罚和事理了。因此，对于犯有过失的人，特别是偶一失足的青少年，要动之以情,晓之以理。心诚则灵,这样感化别人,能收到事半功倍的效果。吕坤真不愧是一位伟大的教育思想家。当然,现代社会是法治社会,应该以道德教化与法治并重,过分地强调一点,而忽视另一点的做法都是片面的。

故意挑剔毛病,硬找差错,没有问题也生出了问题。有时伪装成对工作事业认真负责的样子,有时又换上一副蛮横不讲理的嘴脸,或自以为聪明透顶,或傲慢无知。不管属于其中的哪一种表现,心里都揣着一个恶的念头,不愿与人为善。因为一切事物都不可能尽善尽美,所以他总是能为自己的行为"理由"一番。当一个人如此这般的时候,大抵他们并非冲着真理、正确、原则而来的,恰恰相反,他们只是以此作为口实和把柄,来达到他们自己的不可告人的目的,对人不对己。如果有谁也像他们那样反过来,用他们的矛,刺他们的盾,恐怕他们也会束手无策了。

《吕氏春秋·举难》中说:世界上找一个完人是很困难的,尧、舜、禹、汤、武,春秋五伯亦有弱点和缺点,比尧舜禹还要圣明的神农、黄帝犹有可指责的。所谓"材犹有短,故以绳墨取木",就是作为栋梁之材的人,也有短处,不然为什么要用绳墨来把栋梁之材加工得又方又直呢?"由此观之,物岂可全哉!"所以天子不处全、不处极、不处盈。全则必极,极则必盈,盈则必亏。"先王知物不可全也,故择务而取一也。"

孟子说,君子之所以异于常人,便是在于其能时时自我反省。即使受到他人不合理的对待,也必定先反省自己本身,自问,我是否做到仁的境界?是否欠缺礼?否则别人为何如此对待我呢?等到自我反省的结果合乎仁也合乎礼了，而对方强横的态度却仍然不改。那么，君子又必须反问自己：我一定还有不够真诚的地方。再反省的结果是自己没有不够真诚的地方，而对方强横的态度依然故我，君子这时才感慨地说："他不过是个荒诞的人罢了。这种人和禽兽又有何差别呢？对于禽兽根本不需要斤斤计较。"

事实上，按照一般常情，任何人都不会把过去的记忆像流水一般抛掉。就某些方面而言，人们有时会有执念很深的事件，甚至会终生不忘。当然，这仍然属于正常之举。谁都知道，怨恨会随时随地有所回报。因此，为了避免招致别人的怨愤，或者少得罪人，一个人行事需小心在意。《老子》中据此提出了"报怨以德"的思想。孔子也曾提出类似的话来教育弟子："以直报怨，以德报德。"其含义均是叫人处世时心胸要豁达，以君子般的坦然姿态应付一切。

《庄子》中对如何不与别人发生冲突也作了阐述。有一次，有一个人去拜访老子。到了老子家中，看到室内凌乱不堪，心中感到吃惊。于是，他大声咒骂一通扬长而去。翌日，又回来向老子致歉。老子淡然说道："你好像很在意智者的概念，其实对我来讲，这是毫无意义的。所以，如果昨天你说我是马的话我也会承认的。因为别人既然这么认为，一定有他的根据，假如我顶撞回去，他一定会骂得更厉害。这就是我从来不去反驳别人的缘故。"

从这则故事中可以得到如下启示：在现实生活中，当双方发生矛盾或冲突时，对于别人的批评，除了虚心接受之外，最好还能养成毫不在意的功夫。

人聚群而居，难免有所磕碰。届时，有一分退让，就受一分益；吃一分亏,就积一分福。反之,存一分骄,就多一分败,占一分便宜,就招一次灾祸。故而,君子应以让人为上策。

自控第六步:忘记怨恨,学会原谅

在探讨这个问题之前,我们先来看一下下面这个小故事:

据说,有一个法官在宣判一个杀人犯死刑以后,走到他的面前,对他说:"先生,请问你还有什么话要对你的家人说吗?"谁知那个囚犯毫不领情,他怒吼道:"你去死吧,你这个伪君子、浑蛋、刽子手,你对我的裁决一点也不公正!"法官受此辱骂,自然非常生气,他对着囚犯非常粗鲁地斥责了十几分钟。然而,法官刚一说完,囚犯的脸上立即露出了笑容,这一次,他很平静地对法官说:"法官先生,您是一个受人尊敬的大法官,受过高等教育,读了很多书,可以说是一个文明人,可是,我只不过是骂了您几句而已,您就如此失态;而我,一个文盲,小学没毕业,大字不识一个,做着卑微的工作,因为别人调戏我老婆,我一时冲动,杀死了对方,而最终成了死刑犯。虽然我们的结果不一样,但有一点却是一样的,那就是我们都是情绪的奴隶!"

这个故事足以引人深思,情绪控制对于每个人而言都是一个非常大的挑战,尤其是仇恨的情绪,更是如此,它足以令我们身陷囹圄,毁掉我们的一生。可是，我们却又常在自己的脑海里预设了一些规定，认为别人应该有什么样的行为。如果对方违反规定，就会引起我们的怨恨。其实，因为别人对"我们"的规定置之不理，就感到怨恨，不是很可笑吗？

大多数人一直以为，只要我们不原谅对方，就可以让对方得到一些教训。也就是说："只要我不原谅你，你就没有好日子过。"其实，倒霉的人是我们自己：一肚子窝囊气，甚至连觉也睡不好。如果当你觉得怨恨一个人时，请先闭上眼睛，体会一下自己的感觉，感受一下自己身体反应，你就会发现：让别人自觉有罪，你也不会快乐。

一个人爱怎么做就怎么做，能明白什么道理就明白什么道理。你要不要让他感到愧疚，对他差别不大，但是却会破坏你的生活。假如鸟儿在你的头上排泄，你会痛恨鸟儿吗？万事不由人，台风带来暴雨，你家地下室变成一片沼国，你能说"我永远也不原谅天气"吗？既然如此，又何必要怨恨别人呢？我们没有权利去控制鸟儿和风雨，也同样无权控制他人。老天爷不是靠怪罪人类来运作世界的，所有对别人的埋怨、责备都是人类自己造出来的。

即使遭逢巨变所引起的怨恨，在人性中也依然可以释怀。因为如果你希望自己好好活下去，就得抛开愤怒，原谅对方。

曼德拉因为领导反对白人种族隔离的政策而入狱，白人统治者把他关在荒凉的大西洋小岛罗本岛上27年。当时曼德拉年事已高，但看守他的狱警依然像对待年轻犯人一样对他进行残酷的虐待。

罗本岛上布满岩石，到处是海豹、蛇和其他动物。曼德拉被关在总集中营，白天打石头，将采石场的大石块碎成石料。他有时要下到冰冷的海水里捞海带，有时干采石灰的活儿——每天早晨排队到采石场，然后被解开脚镣，在一个很大的石灰石场里，用尖镐和铁锹挖石灰石。因为曼德拉是要犯，看管他的看守就有3人。他们对他并不友好，总是寻找各种理由虐待他。

谁也没有想到，1991年曼德拉出狱当选总统以后，他在就职典礼上的一个举动震惊了整个世界。

总统就职仪式开始后，曼德拉起身致辞，欢迎来宾。他依次介绍了来自世界各国的政要，然后他说，能接待这么多尊贵的客人，他深感荣幸，但他最高兴的是，当初在罗本岛监狱看守他的3名狱警也能到场。随即他邀请他们起身，并把他们介绍给大家。

曼德拉的博大胸襟和宽容精神，令那些残酷虐待了他27年的白人汗颜，也让所有到场的人肃然起敬。看着年迈的曼德拉缓缓站起，恭敬地向3个曾关押他的看守致敬，在场的所有来宾以致整个世界，都静下来了。

后来，曼德拉向朋友们解释说，自己年轻时性子很急，脾气暴躁，正是狱中生活使他学会了控制情绪，因此才活了下来。牢狱岁月给了他时间与激励，也使他学会了如何处理自己遭遇的痛苦。

他说："当我迈过通往自由的监狱大门时，我已经清楚，自己若不能把悲痛与怨恨留在身后，那么我其实仍在狱中。"

人是群居性生物，因此，谁都不可以孤立地生活在这个世界上。在生活中，我们很难避免不与他人之间发生摩擦，或者是不愉快的冲突，尤其是当你感受到自己遭遇到不公平的待遇的时候，你是否会对他人产生敌意呢？你是否会因此而在心里对他人怀有怨恨之心呢？

首先可以肯定地说,当你受到了真正的不公平待遇时,你完全有理由怨恨他人,因为你是真的受了委屈。可是,请你冷静想一想,当你怨恨他人时,你从中又得到了什么呢?事实上,你所得到的只能是比对方更深的伤害。

你的怨恨对他人不起任何作用,反而会因内心怨恨影响自身健康,因为你的怨愤态度使你产生了消极情绪,这种消极情绪对你的健康和性情都会产生很大的负效应,从而对你造成伤害。更为严重的是,你总是想着自己受到了不公平的待遇,总是因此而极不愉快,从而也会招致更多的不愉快。

想想看,你是不是应该改变自己的态度呢?你要知道,我们所受到的不公,仅仅是因为我们的心理有所欲求。如果我们不看重自己心理上的这份欲求,或者把这份欲求看得很淡,那么不公又从何而起呢?

当然,除非有特殊的原因,你不必与那些与你之间存在着嫌隙的人表现友好,但是,如果你不愿意原谅和学会遗忘,那么你也就否认了自己是一个真正的受害者。这样一来,你对他人的怨愤也就会因此而升级,你自己所受到的伤害也同样会由此而升级。

事实上,忘记你所受到的不公,忘记对他人的怨愤,最终最大的受益者只能是你自己。当你忘记了怨愤,学会了遗忘和原谅,你就会发现,原来你所认为的那些所谓的不公,其实根本不值一提,因为它们在你的一生之中,是那么的微不足道。而你也同时会认识到,抛开对他人的怨愤之心,你所获得的快乐是你这一生都享受不尽的。

那么,我们又该如何来消解心中的仇恨呢?

1. 沉淀法

古希腊传说中有一个关于"仇恨袋"的故事，这个"仇恨袋"很不一般——假若它挡住了你的去路，你越是想踢开它，它便膨胀得越大，最终将你的去路完全堵塞。唯一通过它的办法，就是别理睬它，不去碰它，它就会慢慢变小，最后小得薄如纸片，你便可以轻易跨过。

我们在生活中不可避免要受到别人的侵犯，这时我们千万不要让自己耿耿于怀，试着刻意不去想起，通过一段时间的沉淀，让它淡化下来。慢慢地，心情自然就好了。可别学梅超风那样，一直活在仇恨中，弄得自己人不人、鬼不鬼。

2. 稀释法

一杯浑水，倘若我们不断将其稀释，它就会越发清澈起来。同样，倘若我们心中怀有仇恨，完全可以通过其他途径来稀释心中的怨愤。譬如说，我们可以找一处旷野，歇斯底里地将自己所遭遇的侵犯、将自己心中的仇恨呐喊出来，释放出去，如此这般以后，你会感觉自己的心轻松许多。当然，我们还有许多方法可以利用，譬如说可以约上要好的朋友去打打球、去蹦迪，通过这种刺激性的活动，发泄心中的愤恨。

3. 替换法

如何使杯子里的水变清？最直接有效的方法就是将浑水倒掉，装进一杯清水。我们要想忘记心中的仇恨，就要最快地改变自己的心情，换一个角度来看同一件事。譬如说，老板对你要求苛刻，你恨他，那你为什么不想他是在给你历练、要栽培你、重用你？事实上，人只要能够以感恩的心看待这世间的一切，那么很多坏事都会变成好事。

《贤愚经》上说:"常行于慈心,除去恚害想。"意在告诉世人:做人,一定要保持一颗慈爱的心,除去那些怨恨别人的想法。因为憎恨别人对自己是一种很大的损失。恶语永远不要出自我们的口中,不管他有多坏,有多恶。你越骂他,你的心就被污染了,你要想,他就是你的善知识。虽然我们不能改变周遭的世界,我们就只好改变自己,用慈悲心和智慧心来面对这一切。拥有一颗无私的爱心,便拥有了一切。根本不必回头去看咒骂你的人是谁?如果有一条疯狗咬你一口,难道你也要趴下去反咬它一口吗?

一只脚踩扁了紫罗兰,它却把香味留在那脚上,这就是宽恕。

第二辑
CHAPTER 2

激发自信意识，
脱离自卑的樊篱

信心这种心理状态，我们完全可以利用成功暗示法将其诱导出来。我们对自己重复地灌输正面和肯定的思想，将一些正面的、肯定的、自信的语言反复暗示和灌输给我们的潜意识，并将其转化为行动。那么，不用多久，这些东西就会在我们的潜意识中牢牢扎根，我们就会变得越发自信起来。

自信第一步：了解自卑，克服自卑

自卑的心态就像一条啮噬心灵的毒蛇，不仅吸食心灵的新鲜血液，让人失去生存的勇气，还在其中注入厌世和绝望的毒液，最后让健康的机体死于非命。

在人生崎岖的道路上，自卑这条毒蛇随时都会悄然地出现，尤其是当人劳累、困乏、迷惑时，更要加倍警惕。偶尔短时间地滑入自卑的状态是很正常的现象，但长期处于自卑之中就会酿成一场灾难了。自卑的根源在于过分低估自己或否定自我，过分重视他人的意见，并将他人看得过于高大而把自我看得过于卑微。

只有控制住自卑心态，人们才敢积极进取，成为一个有主动创造精神的人；才能开拓事业的新局面，为成功打下坚实的基础；也才会有积极的人生态度，活得开朗、开心；才会勇于承担责任，成为一个有责任心的人。而任何一个在事业上有所作为的人，都是有责任心的人。只有摒弃自卑，才会在平时积极思考；才会积极跨越各种各样的障碍，成为一个不怕困难的人；才会积极主动地去结交新朋友，改善和老朋友的关系。

　　自卑所造成的问题是不论你有多么成功，或是不论你有多么能干，你总是想证明自己是否真的是多才多艺。换言之，很多人都倾向于为自己设定一个形象，而不肯承认真正的自我是什么。

　　举例来说，如果你一直希望自己成为特别苗条的人，总是担心自己瘦不下来，每次在量腰围时你就会担心，而完全忘了你的身体正处在最佳的健康状态。

　　你总是把自己认为的劣势时刻放在脑子里，提醒自己的不足，并把这些不足与他人的优势相比较。因而，越比越觉得自己不如他人，越比越觉得自己无地自容，从而忽略了自身的优势，打击了自信心。

　　假如让自卑控制了你，那么，你在自我形象的评价上会毫不怜悯地贬低自己，不敢伸张自我的欲望，不敢在他人面前申诉自己的观点，不敢向他人表白自己的爱情，行为上不敢挥洒自己，总是显得很拘谨畏缩。同时，对外界、对他人，特别是对陌生环境与生人，心存一种畏惧。出于一种本能的自我保护，便会与自己畏惧的东西隔离和疏远，这样便将自己囚禁在一个孤独的城堡之中了。假如说别的消极情绪可以使一个人在前进路上暂时偏离目标或减缓成功的速度，那么一个长期处于自卑状态的人根本就不可能有成功的希望，甚至已有的成绩也不能唤起他们的喜悦、兴奋和信心，只是一味地沉浸在自己失败的体验里不能自拔，对什么都不感兴趣，对什么都没有信心，不愿走入人群，拒绝别人接近。

　　世界上有大多数不能走出生存困境的人，都是由于对自己信心不足，他们就像一棵脆弱的小草一样，毫无信心去经历风雨，这就是一种可怕的自卑心理。

　　自卑者习惯妄自菲薄，总是感觉己不如人，这种情绪一直纠结于心，结果丧失了原有的人生乐趣，烦恼、忧愁、失落、焦虑纷沓而至；自卑者无论是对工作还是对生活，都提不起兴趣，他们万念俱灰，失去了斗志，失去了进取的勇气；自卑者一旦遭遇挫折，更是怨天尤人、自怨自艾，一味指责命运的不公；自卑者格外敏感，缺乏宽广的胸怀，往往别人一个不经意的举动，就会挫伤他们的神经，以为别人在轻视自己、在侮辱自己。遗憾的是，他们从未仔细想想——如果自己看不起自己，为何还要要求别人高看你？

　　也许很多人会说："我相信自己！"那么你真的相信自己吗？当困难、挫折、讽刺、白眼接踵而至之时，你真的能够做到无动于衷、固守着心中的自信吗？事实上，很多人都做不到。

　　诚然，每个人都有失意之时。那么，当我们感到痛苦、感到困惑、感到失望时，我们何不唤起潜在的力量，不低头、不抛弃、不放弃、不卑不亢地挑战痛苦根源，将痛苦转化为一种动力，让失意变成快意，用行动去赢得别人的尊重呢？

　　我们来看看下面这个真实的故事：

　　威廉·亨利·布拉格年轻时家境贫穷。他所在的威廉皇家学院多是衣着考究的富家子弟，唯有他，一袭破旧衣衫，一双极大、极不合脚的旧皮鞋。

　　布拉格这身"时髦装扮"在皇家学院显得极不协调，当时，一些纨绔子弟不但对他冷嘲热讽，甚至向学监告布拉格的状，诬蔑他的旧皮鞋是偷来的。

于是，学监将布拉格叫到了办公室，双眼紧紧盯着那双旧皮鞋。天资聪慧的布拉格马上有所顿悟，他颤抖着将一张纸笺交给学监。这是布拉格父亲寄来的家信，上面写有这样几句话："孩子，非常抱歉，但愿再过两年，我那双旧皮鞋穿在你的脚上就不会再嫌大……我一直这样想着：若是有朝一日你有了成就，我将感到非常荣耀，因为我的儿子正是穿着我的旧皮鞋奋斗成功的……"

看到这里，学监紧紧握住布拉格的手，满怀感慨地说道："孩子，对不起，是我误解了你！你的家庭虽然贫穷，你的父亲虽然没钱，但他有一颗对你充满期望的心。希望你不要辜负他，我会尽我所能去帮助你。"

此时，布拉格再也控制不住自己的情绪，两行热泪顺颊而下。曾几何时，他也抱怨过贫穷，也为之沮丧过，但父亲的谆谆教导……此时又有了学监的热心帮助。是的，绝不能辜负这些对自己充满期望的人，从此他越发努力起来。

布拉格在 24 岁时，就成为数学兼物理学教授，而后又在放射线研究等领域获得了巨大成就。成名后的布拉格一直对穿旧皮鞋的经历"耿耿于怀"，他时常告诫自己的儿子威廉·劳伦斯·布拉格：饮水思源，不要忘记长辈的贫穷。

受此熏陶，小布拉格与父亲一样，年仅 24 岁就取得了不错的成绩，成为剑桥研究院院士。更让人惊叹的是，1915 年，父子二人同时摘得了诺贝尔物理学奖。

战胜自卑的过程，其实就是磨炼心志、超越自我的过程。逆境之中，如果你一味抱怨命运，认为自己是最不幸的那一个，那么你永远也无法解除自卑的诅咒。想要消除自卑，就要以一种客观、平和的心态看待自己，不要一直盯着自己的短处看，因为越是如此，自卑的阴影就会越为阴郁。想要战胜自卑，就不要理会别人的评价，只要认为自己没错，那就矢志不移地走下去。你要做的，是用自己的能力、用自己的信心证明给别人看：我是优秀的！若做不到这些，若依旧对自卑恋恋不舍，那你就别指望别人高看你！

那么，我们要如何战胜自卑心理呢？我们可以这样：

1. 以补偿法超越自卑

这是一种心理适应机制。我们在适应社会的过程中总有一些偏差，令我们的理想与现实出现落差，这时，我们可以用一种补偿法来为心理"移位"，即克服自己因生理或心理缺陷而产生的自卑，转而发展在某一方面的特长。事实上，这一心理机制的运用，曾经成就了很多人，他们越是感到自卑，寻求补偿的愿望就越大，最后成功的本钱也就越多。

举个例子：

林肯总统的出身很不好，他是私生子，长得也很一般，言谈举止也没有什么样子，他为此感到很自卑。他为了在人前抬起头来，拼命地为自己充电，以求弥补自己知识贫乏和孤陋寡闻的缺陷。他孜孜不倦地读书，尽管眼眶越陷越深，但学识让他成了具有非凡魅力的人。我们知道，他是美国历史上非常杰出的总统。

人在补偿心理的作用下，自卑感会形成一种动力，从而促使自己努力去发展所长，磨砺性格，完成对自己的一个超越。

2. 以实际行动为自己建立自信

事实上，战胜自卑最快、最有效的方法就是挑战自己害怕的事情，直到这种恐惧心理消除为止。我们可以这样去做：

（1）挑靠前的位置坐，突出自己

在社交场合的聚会中，或是在各类型的讲堂中，我们不要坐在后面，不要怕引起别人的注意，直接就大大方方地坐在前面。要知道，敢于将自己置于众目睽睽之下，这是需要很大勇气的。如果你做到了，你的自信势必会得到提升。

（2）去正视你的社交对象

很多人在与人交往、交谈中，目光总是躲躲闪闪，不敢正视别人，这就是一种极不自信的表现，这说明你恐惧、怯懦或是心中有愧。倘若你能正视别人，就等于在告诉对方：我是真诚的；我是光明正大的；我乐于与你交往。这才是自信的表现，更是一种个人魅力的展示。

当然，这类方法还有很多，我们就不一一道足。其实，说一千道一万，解除自卑心理的关键还在于我们的心态，如果你能够给自己培养出一种优越感，那么毫无疑问，你就是自信的。请记住，一个人可以犯错误，但绝不能丧失自信、丧失自尊。因为唯有自信者才能捍卫自己的尊严；唯有自信者的人生阵地才不会陷落；唯有自信者才能披荆斩棘、冲破重重障碍，最终摘得胜利的甘果。

自信第二步：向恐惧告别

在孩子看来大人们是强大的，也许作为成年人我们自己也是这么认为的，然而这并不代表我们就能天不怕地不怕，对什么都无所畏惧。其实有的时候我们很脆弱，也有自己害怕的事情，这些恐惧隐藏在我们的心里，偶尔还会有一种隐隐作痛的感觉。作为一个"大人"，走向成熟的第一步就应该是正视那份恐惧，并想办法克服它、战胜它。

时间一天天过去，我们不知不觉跨入了成年人的行列，尽管二十几岁的时候，我们总是说自己的无惧无畏，说自己天不怕地不怕，但只有自己最清楚，在面对某些特定事情的时候我们还是很担心，甚至还有可能会腿脚发软。现在自己已经走向了成熟，我们也开始慢慢了解到自己不是无所不能的，自己的内心又经常会产生莫名的恐惧感，尽管我们表面上还是那样的强悍，但只有我们自己清楚，那只不过是把内心的不安留藏在自己内心的深处，不愿意把它外露给别人而已。

当我们懂得了这种人生的真相，内心多少又有些不安分和紧张的感觉，有人担心如果有一天撞见自己恐惧的事情该怎么办？有人担心自己那时候没有能力给自己的家人或朋友提供安全感，甚至遭遇自身难保的窘境。其实，这个世界上 80% 的恐惧都是纸老虎。只要你能够从容地应对，让自己的心趋于平静，就会找到应对它们的方法，并在第一时间消除它们给你生活带来的隐患，甚至成为一个打倒恐惧的英雄。

安吉·英泰尔 37 岁那年作了一个疯狂的决定：放弃他薪水优厚的

主编工作，把身上仅有的三块多美元捐给街角的流浪汉，只带了干净的内衣裤，决定由阳光明媚的加州出发，靠搭便车与陌生人的好心，横穿美国。

他的目的地是美国东岸北卡罗来纳州的"恐怖角"（Cape Fear）。这是他精神快崩溃时作的一个仓促决定，某个午后他忽然哭了，因为他问了自己一个问题：如果有人通知我今天死期到了，我会后悔吗？答案竟是那么的肯定。虽然他有好工作、美丽的女友、热心的亲友，但他发现自己这辈子从来没下过什么赌注，平顺的人生从没有高峰或谷底。他为自己懦弱的前半生而哭。

一念之间，他选择北卡罗来纳的恐怖角作为最终目的地，借以象征他征服生命中所有恐惧的决心。

他检讨自己，很诚实地为他的"恐惧"开出一张清单：从小时候开始他就怕保姆、怕邮差、怕鸟、怕猫、怕蛇、怕蝙蝠、怕黑暗、怕大海、怕城市、怕荒野、怕热闹又怕孤独、怕失败又怕成功、怕精神崩溃……他无所不怕，却似乎"英勇"地当了主编。

这个懦弱的37岁男人上路前还接到奶奶的纸条："你一定会在路上被人杀掉。"但他成功了，4000多里路，78顿餐，仰赖82个陌生人的好心。没有接受过任何金钱的馈赠，在雷雨交加中睡在潮湿的睡袋里，也有几次像公路分尸案杀手或抢匪的家伙使他心惊胆战，在游民之家靠打工换取住宿，住过几个破碎家庭，碰到不少患有精神疾病的人，他终于来到恐怖角，接到女友寄给他的提款卡（他看见那个包裹时恨不得跳上柜台拥抱邮局职员）。他不是为了证明金钱无用，只是用这种正常人会觉得"无聊"的艰辛旅程来使自己面对所有恐惧。恐怖角到了,但恐怖角并不恐怖,原来"恐怖角"这个名称,是由一位16世纪的探险家取的,本来叫"Cape Faire",被讹写为"Cape Fear",只是一个失误。

其实,从恐惧的本意和表现来看,恐惧是我们自己造出来的,它发自我们的"肺腑",来自我们的内心,是我们自己吓怕了自己。事实上,也确实如此,任何事情本身并不恐怖,往往是我们对它们了解不够,或者根本没有了解,处于无知状态,从博弈的角度上讲,无形中高估、放大了对手的能力,贬低了自身的能力,是失去自信心不相信自己能战胜对手所造成的。

一天,几个学生向一位著名的心理学家请教:心态对一个人会产生什么样的影响?他微微一笑,什么也不说,就把他们带到一间黑暗的房子里。在他的引导下,学生们很快就穿过了这间伸手不见五指的神秘房间。接着,心理学家打开房间里的一盏灯,在这昏黄如烛的灯光下,学生们才看清楚房间的布置,不禁吓出了一身冷汗。原来,这间房子的地面就是一个很深很大的池子,池子里蠕动着各种毒蛇,包括1条大蟒蛇和3条眼镜蛇,有好几条毒蛇正高高地昂着头,朝他们"咝咝"地吐着信子。就在这蛇池的上方,搭着一座很窄的木桥,他们刚才就是从这座木桥上走过来的。

心理学家看着他们,问:"现在,你们还愿意再次走过这座桥吗?"大家你看看我,我看看你,都不作声。过了片刻,终于有3个学生犹犹豫豫地站了出来。其中一个学生一上去,就异常小心地挪动着双脚,速度比第一次慢了好多倍;另一个学生战战兢兢地踩在小木桥上,身子不由自主地颤抖着,才走到一半,就挺不住了;第三个学生干脆弯下身来,慢慢地趴在小桥上爬了过去。

"啪"，心理学家又打开了房内另外几盏灯，强烈的灯光一下子把整个房间照耀得如同白昼。学生们揉揉眼睛再仔细看，才发现在小木桥的下方装着一道安全网，只是因为网线的颜色极暗淡，他们刚才都没有看出来。心理学家大声地问："你们当中还有谁愿意现在就通过这座小桥？"学生们没有作声，"你们为什么不愿意呢？"心理学家问道。"这张安全网的质量可靠吗？"学生心有余悸地反问。

心理学家笑了："我可以解答你们的疑问了，这座桥本来不难走，可是桥下的毒蛇对你们造成了心理威慑，于是，你们就失去了平静的心态，乱了方寸，慌了手脚，表现出各种程度的胆怯——心态对行为当然是有影响的啊。"

其实人生何尝不是如此？当我们面对各种挑战的时候，失败的原因往往不是因为势单力薄，不是因为智能低下，也不是没有把整个局势分析透彻，而是因为把困难看得太清楚了、分析得实在太透彻、考虑得实在太详尽，最终是被困难吓倒了，感觉自己举步维艰。人们常说："知己知彼，百战不殆。"这是为了给自己多加几成胜算，但它绝对不能成为阻碍自己成功的障碍。其实有的时候，战胜恐惧就是战胜自己，只要拿出自己的勇气去做，也许那些缠绕在心中的恐惧就烟消云散了。

那么，落实到具体方法上，我们该怎样去训练自己排除心中的恐惧感呢？大家知道，恐惧是一种客观刺激的反应，所以我们完全可以通过对客观认识的重新调整和训练，使自己的心理状态发生变化。我们可以从以下几个方面入手：

1. 树立正确的人生观

人生观直接影响着人对事物的看法。打个比方，假如说我们将名利富贵看得过重，那么就很容易产生不安感，当我们看重的东西受到威胁或是已经失去时，我们就会感觉天塌下来了一样，由此很容易放任自流，浑浑噩噩地混日子。假如说我们能够树立一种正确的人生观，以服务大众为己任，将个人荣辱放到社会之中，这样"无私便能无畏"，面对任何事情我们也就能泰然处之。

2. 强迫自己直面恐惧

我们要去习惯那些令我们产生恐惧的东西，不管它是实物还是某些困难，要敢于去触碰它，挑战它。当我们习惯直面恐惧以后，我们就会发现"凡此种种，不过如此"。打个比方，有许多人惧怕当众发言，后来硬着头皮上去了，并且得到了大家的鼓励和认可，有过一两次这样的经历，他们就不会再惧怕当众发言了，整个人也变得自信而落落大方起来。

3. 强化能力

我们对于某些情景、困难深感不安，是因为我们自认缺乏解决它的能力，不明其理，便不知其解。其实我们只要能够不断强化自己的能力，对自己所面对的情景或困难形成一个客观的认知，找到解决它的方法，我们就会逐渐变得无畏起来。

事实上，恐惧不是什么可怕的魔鬼，但它总是会在我们的心里作祟，使我们的内心焦躁不安。也许有些恐惧的事情已经困惑了你很多年，但作为一个成年人，我们现在最需要的是向这些恐惧告别。我们必须战胜自己，必须相信自己的能力。拿出自己的勇气吧！因为除了我们自己，没有任何人可以帮助我们战胜这一切。

自信第三步：点燃信心

　　年龄一年比一年大，面对的挑战也会一天比一天多，这时候每个人心里多少都会有一些小担心，生怕自己经受不住考验，也正是因为这个原因，当自己面临挫败的时候，很多人都会一脸茫然。其实这只不过是一个成长的过程，是你从稚嫩走向成熟的转变，在这种转变中你必须学会自信，因为只有成为自信的人，你才能向世界证明自己的实力，才能告诉别人："我是最优秀的。"

　　我们每天都要面对这样或那样的问题和挑战，不论是工作上的还是生活上的，有的人面对这些事情的时候总是一脸无助的表情，而有些人却能从中找到属于自己的成就感，这就是一种自信的表现。在这个充满竞争的世界里，想拥有自己的一席之地并非一件容易的事情，要想在这场争夺赛中取得成功，我们首先就要拥有十足的信心，相信自己通过努力一定可以成功，即便不是现在，但至少胜利的那一天也不会太遥远。

　　遥想自己当年二十多岁的时候，也是心怀梦想的阳光少年，那份叛逆,那股闯劲儿至今还记忆犹新,然而当年龄一天天地大了,有棱有角的自己慢慢地在时间的磨砺下变得圆滑,那种曾经的自信似乎在不知不觉中消散了,有的人说:"我只希望自己和家人都能够平平安安,快快乐乐就好。"但是你有没有想过,平安应该怎样保持?快乐又该怎样保鲜?当我们心底的声音越来越小,当我们将理想和自信送进坟墓,整个生活都将因此而黯淡下来,人生还有什么意义呢?

很多人不成功,找起原因来总会有十条八条,其中"致命的"就一条:是你自己认为自己不行。比如说,领导派你去开展一项新业务,你第一句话就是:"我能行吗?"于是当你对自己产生怀疑的时候,别人也就因此对你同样产生了怀疑。于是你越来越自卑,越来越觉得自己一无是处。说穿了,这就是自己怀疑自己的弊端。一个人如果自己往自己身上设置限制的话,这必将会成为成功的最大障碍之一。所以,如果你想要成功,那么首先就要相信自己!

说到这里忽然想起了这样一个故事:

从前,有个男孩子,从小在孤儿院里长大。在他18岁生日那天他对院长说:"我都长成大人了,还不知道亲生父母是谁,像我这样没人要的孩子,活着真没有意义。"院长说:"你以前可没有这样的想法啊,今天到底是怎么了?"他回答道:"我马上要走向社会了,忽然感到会有很多陌生的眼睛盯住我,他们会嘲笑我,看不起我,让我不寒而栗。"院长想了想,说:"这样吧,你先把你的想法放一放,明天先去帮我办件事,行吗?"男孩点点头同意了。

第二天院长就交给他一块石头,圆圆的石头,看起来像一块宝石。院长告诉他:"你拿着这块石头去集市,找个地方摆上,写上售价10

元。一定记住,不论别人出多少钱,你绝对不能'真卖'。"男孩拿着石头就去了菜市场,蹲在一个角落,很快有人上来围观。有个人说:"哎,你这块石头卖吗?""卖。""多少钱?""10元。"可是人家真的要买的时候,他说:"不卖了。"人家说:"那我给你20元。""20元也不卖。""30元行不行?""不行。"因为他答应院长了,谁出多少钱也不卖。

晚上,男孩回到孤儿院。院长说:"明天不要去集市了,你换个地方到黄金市场试试,石头标价50元。还是我那句话,别人出多少钱都不要卖。"结果呢,石头摆了一个上午,没人理睬。到了下午有人要买了,男孩又不卖,最后有人出价到100元,男孩说:"不行,价格还低,我不能卖。"他回去后跟院长说了:"这么一块破石头,人家已经出价不低了,你到底为啥不让我卖呢?"院长笑了笑,说:"明天你带着石头到宝石店门前卖,标价100元。"男孩挠挠头,心里想这下子肯定无人问津了。

没想到水涨船高,很快有人出价到200元、300元,到了傍晚竟然有人抬价到1000元钱了。男孩这时候想,卖了吧,能卖到这样的高价,院长肯定会高兴的。但是他刚刚要出手的时候,院长的嘱咐又响在了耳边,他不得不把这块石头又拿了回来。院长这个晚上对他语重心长地说:"为什么不让你卖掉呢?因为你从小没有父母,你的命运就像这块石头一样,心里头感觉冰凉冰凉的。但是,不要管别人是否看得起你,你只要自己看得起自己,永远不要把自己出卖,这样你一辈子才会不停地升值。"

这个故事里的主人公虽然只是个18岁的少年,但对于我们来说,还是很有教育意义的。其实，我们每个人都是一块闪闪发光的宝石，只不过自己总是不相信自己身上那绚烂的光环。年轻的我们，正处于实现梦想的黄金时段，如果你相信自己，那么未来就是你的；如果你相信自己，也许成功就在明天；如果你相信自己，再多的挑战都会无所畏惧；如果你相信自己，幸福的大门就将永远为你敞开。

其实，生活就是这样，只要你拥有自信，只要你愿意为心中的理想而执着，那么没有什么事情是办不到的，当然前提是，你要相信自己的实力。

那么，我们又该如何将自信心树立起来呢？

1. 确立自己的目标

人生若想获得成功就必须确立一个明确的目标，目标可以激发人的潜力，从而最大化地创造价值的需要。所以，我们必须要有目标，有了目标，我们才会想方设法地去实现它。而且，设立目标本身就是自信的一种表现，我们心中有了目标，潜意识中就会调动自己所有的能量。

2. 培养决心

我们之所以常与失败为伍，很大程度上是因为我们缺乏基本的决心，我们有着很好的梦想，却总是不付诸行动，于是我们的理想总是落空，于是我们总是觉得自己一无是处，以致一无所成。其实，我们只要下决心把理想化作具体行动，我们就会发现很多事情并没有想象中那样难办，我们就会逐渐相信：我有能力独立完成很多事情。

3. 培养意志力

如果我们三天打鱼，两天晒网，那我们什么也做不好，这是人生的大忌，我们会因此陷入窘迫境地，我们会觉得自己就是一个生活上的"残废"。其实，成功贵在于坚持，只要你肯坚持，你总会有所收获，只要你不断有所收获，你就会逐渐将信心重拾。

4. 扬长避短

这个世界上没有人一无是处，更没有人会十全十美。尺有所短，寸有所长，人有缺点，也必有优点。很多人自卑，觉得自己这也不好、那也不好，什么都不如人家，恰恰是因为他们在看自己时，眼中就只有缺陷，那么拿自己的缺陷去比较人家的长处，当然相形惭愧；又有一些人很是自负，觉得自己简直无可挑剔，就是因为他们只能看到自己的优点，而看别人时又只看缺点，于是便开始飘飘然不知所为；还有一些人明知自己有短板，却死不肯承认，到头来还不是欲盖弥彰？这种人很虚荣，也很累。

显而易见，上述种种意识形态都是极不可取的。在人生这条路上，如果说我们还想有几分作为，那么就一定要自知，能自知，我们才能在遇事之时量己之长短，不自以为是、亦不妄自菲薄，扬己之所长、避己之所短，趋利而避害，则事有所成。于是，自信油然而生。

5. 学会自我激励

我们若想建立自信，就一定要学会自我激励，当我们遭遇苦难时，要鼓舞自己去面对，大家可以这样对自己说："上苍给我了生命，就赋予了我无穷的智慧和力量，只要我去做，一切皆有可能！"这样，我们就可以在心理暗示下增强自己的信心，激发出自己的潜能，从而一步一步地接近成功。当然，树立信心的方法还有很多，但有一点请大家一定要切记——不要过高地要求自己，不要因此伤了自己的自信心，我们要看到自己一点一滴地进步，而不要总是想着一步登天。

总之，不管我们是小有成绩还是继续在为理想而打拼，自信都将是我们前进的动力和资本。从某种角度来说，只有自信才能帮助我们证明自己的实力。所以，面对挑战我们千万不要退却，当我们微笑着去面对世间的一切时，就会发现自己在这个世界上的地位和价值。

自信第四步：谨记——天生我材必有用

李白在屡受挫折后，发出这样一声长啸："天生我材必有用，千金散尽还复来。"很多人朗读此句时，都能感受到诗人那无尽的豪迈与自信，同时也会带着些许的自我安慰。其实正如李白所言，每个人来到世界上，都会有其独特之处，都会存在其独特的价值。由此可以说，每个人在世界上都是独一无二的，每个人都有其"必有用"之才。只是，也许有时才能藏匿得很深，需要我们全力去挖掘；有时我们的才能又得不到别人的认可……但我们绝不能因此否认自己的才能，更不能因为生活中的挫折、失败而怀疑自己的能力,就此失去信心,一蹶不振。

纵览古今中外,你会发现,很多知名人士都曾有过与你一样的痛苦经历——他们亦曾被老师、同事,甚至是家人所阻挠,众人否定他们的才能,断言他们绝不可能做成自己想做的事。但是他们对自己的才能从未有过一丝怀疑,他们矢志不移地坚持着,最终将自己的才能发挥得淋漓尽致。

达尔文的父母希望儿子成为神父,可达尔文热衷于生物,他令父母失望了,但他始终坚持自己在生物方面的过人才能。他找到了自己正确的位置,终于写下了不朽的名著《进化论》,因此流芳百世。试想,倘若他唯父母之命是从又会怎样?

当艾利斯·赫利还是一个不出名的文学青年时,4年内平均每周他都会收到一封退稿信。后来,艾利斯几欲停止《根》这部著作的撰写,自暴自弃。他感到自己壮志难酬、空负其才,于是准备跳海轻生。当他站在船尾、面对滚滚浪涛时,突然听到所有已故亲人都在呼唤:"你要做自己该做的,因为我们都在天国凝视着你,不要放弃!你行的,我们期盼着你!"几周以后,《根》这部著作终于完成了。

1905年,艾尔伯特·爱因斯坦的博士论文被波恩大学"打了个大大的叉"。原因是——论文离题且通篇奇思怪想。爱因斯坦为此感到沮丧,但并没有丢掉信心。

伍迪·艾伦——奥斯卡最佳编剧、最佳制片人、最佳导演、最佳男演员、金像奖获得者,他在大学时英语竟然不及格。

利昂·尤利斯,作家、学者、哲学家,却曾3次没有通过中学的英文考试。

美国著名画家詹姆斯·惠斯勒曾因化学不及格而被西点军校开除。

"篮球之神"迈克尔·乔丹曾被所在的中学篮球队除名。

温斯顿·丘吉尔被牛津大学和剑桥大学以其文科太差而拒之门外。

……

事实证明,即使是如今已被公认的天才,曾几何时也曾遭到众人的质疑,也曾受到过各种打击。值得庆幸的是,他们没有被打击、被挫折、被失败所折服,他们始终相信自己的能力。也正因为如此,他们才能取得令人仰视的成就,才将自己的名字深深地刻在了历史的丰碑之上!

然而,我们之中的一些人却常常在遭遇失败以后开始自我贬低、自甘堕落,甚至逢人便说自己是个废物。这真的很不应该。要知道,没有人是废物,更何况即便是所谓的废物也是有它自身的利用价值的,将废物合理利用,不是同样可以变废为宝吗?记住李白的那句诗:"天生我材必有用!"这绝不是失望后的自我慰藉,其中饱含对自我、对个人价值的绝对肯定,这又是何等的自信!

我们需要在自己的心中激起这份豪迈,这就要求我们务必做到以下两点:

1. 绝不用世俗的眼光看待自己

世界是一个多角度的球体,换一个角度,或许我们就可以找到自己的人生焦点。请永远相信"天生我材必有用",在拼搏奋斗中实现自己的价值。

2. 绝不要自暴自弃

无论我们目前处于怎样的低谷,都不要放弃自己。要相信自己,我们既然来到这个世界上,就是带着某种使命的,就是有一定道理的,而绝不仅仅是为了吃喝拉撒睡。

即便你是一个清洁工,也不要认为自己的工作有多低贱,你完全可以向着世界呐喊:没有我们,地球会变得何等肮脏!无论你从事哪一行业,送水的、卖茶的等等,都不要轻贱自己。你要记住,除了心的贵贱以外,身份是没有贵贱之分的,每个人从事着不同的工作,都是在为这世界做贡献,只是各人分工有所不同而已。

毫无疑问,这世界上的每一个人,乃至一草一物都有着自己的价值,即使是一片落叶,也承担着"化作春泥更护花"的责任;就算是一只无脚鸟,也在履行着飞翔的义务;哪怕是一个漂泊在外的游子,也是在为自己的前途、自己的亲人奔波。事实上,根本没有人是多余的,也没有人是废物,只是能力不同,所以责任不同而已。一如李白所言——"天生我材必有用,千金散尽还复来。"

自信第五步：将自己定位为成功者

所谓性格决定人生，心态成就命运。一个人想要成就大事，首先就要有成为大人物的心态。立志是一个人对人生执着的追求，也是一种渴望，更是一种争取人生有所为的性格反映。就像贝尔博士所说的那样——"时刻想着成功、看看成功，心中便有一股力量催人奋进，当水到渠成之时，你就可以支配环境了。"可见，我们要想成为一个成功者，很重要的一点就是时刻保持着成功者的心态，就将自己设定为理想中的模样，只要它是实际的，便以最大的自信和热情去行动，直到成功为止。

这里有一段史事，相信会对大家有所启发：

李斯少年时家境窘迫，曾做过掌管文书的小吏。据说，有一次李斯方便时，恰巧看到老鼠偷吃粪便，人与狗一来，老鼠变慌忙逃窜。不久之后，他在官仓内又看到了老鼠，这些老鼠整日大摇大摆地吃着粮食，长得肥头大耳，生活得安安稳稳，根本不必担惊受怕。两相比较，李斯感慨顿生："人之贤与不肖，譬如鼠矣，在所自处耳！"意思是说，人有能与无能，就好像老鼠一样，全靠自己想办法，有能耐就要能做官仓之鼠！

于是，李斯立志要成为"官仓鼠"，他辞去小吏一职，前往齐国向当时著名的儒学大师荀子求学。荀子虽继承了孔子的儒学，也打着孔子的旗号讲学，但他对儒学进行了较大的改造，少了些传统儒学的"仁政"主张，多了些"法治"的思想，这很适合李斯的胃口。李斯十分勤奋，与荀子一起研究"帝王之术",即怎样治理国家、怎样当官的学问,学成之后,他便向荀子辞别,准备前往秦国。

荀子问及缘由,李斯回答:人生在世,贫贱乃最大耻辱,穷困为最大悲哀,若想令人高看,就必须干出一番事业。齐王昏庸暗弱,楚国无所作为,只有秦王龙盘虎踞、雄心勃勃,准备伺机并齐灭楚,一统天下,因此,秦国才是成就事业的好地方。如果留身齐、楚之地,不久即成亡国之民,还有什么前途可言?

李斯来到秦国,投入极受太后倚重的丞相吕不韦门下,凭借才干,很快就得到了吕不韦的器重,成了一名小官。官虽不大,却不乏接近秦王的机会,仅此一点,就足够了。处在李斯的位置,既不能以军功而显,亦不能以理政见长,他深深知道,要想引起秦王注意,唯一的方法就是上书。他观察时局,揣摩秦王心理,毅然上书秦王——凡能成事者,皆能把握时机。

秦穆公时期国势虽盛,但终不能一统天下,其原因有二:一、当时周天子实力尚存、威望犹在,不易取而代之;二、当时各诸侯国力量均衡,与秦国不相伯仲,但自秦孝公之后,周天子势力骤减,各诸侯间战争不断,秦国则休养生息,趁机壮大起来。如今国势强盛,大王又英明贤德,扫平六国简直不费吹灰之力,此时不动,又待何时?

这席话分析得可谓合情合理,入木三分,同时又极合嬴政的胃口。李斯终于在秦王面前露了回脸,并被提拔为长史。此后,李斯不仅在大政方针上为秦王出谋划策,还在具体方案上发表意见——他劝秦王大肆挥金,重贿六国君臣,令他们离心离德,不能合力抗秦。这一招果然有效，后来，六国逐一为秦所击破，李斯则最终坐上了丞相的高位。

"粮仓鼠"与"茅厕鼠"的不同际遇，给了李斯很大刺激，使他确定了自己的人生方向——做一只粮仓里的老鼠。李斯其人胸怀大志，而清醒的头脑更为他的志气插上了翅膀，帮助他为自己选择了一个与众不同的人生起点。

一个人只有自己树立了远大性格并为之笃行践履，才有可能使自己成为一个出类拔萃、不流于俗的人，或成为一个有所成就的人。

志存高远，则意味你有赢定局面的机会，有大功告成的可能。这是大多数人的一种理想目标，在这个目标的刺激下，人生就有盼头，就有希望。我们应该将"出类拔萃，不流于俗"作为自己的人生目标，也就是说我们要站在高处看人生，并通过一系列行之有效的手段，达到赢定胜局的目的。

有句话说得好："如果你自诩为奴隶，那你永远不会成为主人！"的确，我们每个人对于成功的追求都不尽相同，但可以肯定的是，无论你怎样解读成功、怎样定义成功，你都必须为自己选择一个明确的目标，因为没有目标、没有想法的人生，必然会一塌糊涂，必然会极度乏味、极度平庸。想要成功，我们就必须把自己定位为成功者，并在这条路上矢志不移地走下去！要知道，是成为"粮仓鼠"还是"茅厕鼠"，这完全在于你的想法，完全取决于你的选择。

自信第六步：向瓶颈发出挑战

在生活中，我们每个人不可避免地会遭遇某些瓶颈，如果能够找到症结所在并竭力突破，那么冲出之后便会海阔天空。如果不尝试突破自己，瓶颈就会变成铁闸，限制我们的进步和发展。

听渔民们讲过这样一件趣事：

据他们说，成年章鱼的体重可达70磅，如此一个庞然大物，却拥有极度柔韧的躯体，若是它愿意，几乎能够将自己塞进任何一个地方。

章鱼最喜欢的事情，莫过于藏身海螺壳之中，待鱼虾靠近，突然发出致命一击——咬住它们的头部，瞬息注入毒液，然后美美地享用一顿。针对章鱼的天性，他们想出了一个绝招——用绳索将很多小瓶子串联在一起，投入海底。章鱼们一发现小瓶子，便趋之若鹜，最后成了他们的"囚徒"。

事实上，将章鱼困住的并不是瓶子，而是它们自己。瓶子是死物，它不会主动去囚禁章鱼，反而是它们喜欢往狭小的洞口里钻，最终葬送了卿卿性命。

现实生活中，很多人的思想正与章鱼一样，他们一旦遭遇瓶颈，只知道将自己困于瓶底，却不懂得去突破、去争取，久而久之，他们的思想越来越狭窄，逐渐失去了原有的光芒。

西方有句名言："一个人的思想决定一个人的命运。不敢向高难度的工作挑战，是对自身潜能的束缚，只能使自己的无限潜能浪费在无谓的琐事之中。与此同时，无知的认识会使人的天赋减弱，因为懦夫一样的所作所为，不配拥有生存状态之下的高层境界。"

事实上，一个人只要勇于突破自己的心态瓶颈，突破极限约束的阻碍，离成功就不会太远。

举重项目之一的挺举，有一种"500磅（约227公斤）瓶颈"的说法，也就是说，以人体极限而言，500磅是很难超越的瓶颈。499磅纪录保持者巴雷里比赛时所用的杠铃，由于工作人员失误，实际上已经超过了500磅。这个消息发布以后，世界上有六位举重好手，在一瞬间就举起了一直未能突破的500磅杠铃。

一位撑竿跳选手，苦练多年亦无法越过某一高度，他失望地对教练说："我实在是跳不过去。"

教练问道："你心里在想什么？"

他回答："我一冲到起跳位置，看到那个高度，就觉得自己跳不过去。"

教练告诉他："你一定可以跳过去。把你的心从竿上摔过去，你的身子也一定会跟着过去。"

他撑起竿又跳了一次，果然一举跃过。

心，可以超越困难、突破阻挠；心，可以粉碎障碍；心，最终必会达到你的期望。然而，成功的最大障碍，往往又是你的心！是你面对"不可能完成"的高度时，心为自己设定的瓶颈。

勇于向极限挑战，这是获得高标生存的基础。现实之中，很多人如你一样，虽然才华横溢、能力不俗，却具有一个致命弱点——缺乏挑战极限的勇气，只愿做人生中的"安全专家"。对于偶尔出现的"大障碍"、"大困难"，他们不会主动出击，而是觉得"不可能克服"，因而一躲再躲，畏缩不前。结果，终其一生也未能成事。

勇士与懦夫在世人心目中的地位，有着天壤之别。勇士受人尊崇，走到哪里都能闯出一片天地；懦夫遭人冷眼，不受待见，很难得到重用。一位企业老总在描述自己心目中的理想员工时，曾这样说道："我们所急需的人才，是有奋斗、进取精神，勇于向'不可能完成'的任务挑战的人。"可见，勇于向"瓶颈"挑战的人，如同"明星"一般，是人们争相抢夺的"珍品"。

在当今这个竞争激烈的大环境下，如果你一直以"安全专家"自居，不敢向自己的极限挑战，那么在与"勇士"的对抗中，就只能永远处于劣势。当你羡慕，甚至是忌妒那些成功人士之时，不妨静心想想——他们为何能够取得成功？你要明白，他们的成功绝不是幸运，亦不是偶然。他们之所以有今天的成就，很大程度上，是因为他们敢于向"瓶颈"挑战。在纷扰复杂的社会上，若能秉持这一原则，不断磨砺自己的生存利器，不断寻求突破，你就能够占有一席之地。

渴望成功——这是每一个人的心声。若想实现自己的抱负，从现在开始，你就不能再躲避，更不要浪费大把的时间去设想最糟糕的结局，不断重复"不能完成"的念头——因为这等于是在预言失败。

想要从根本上克服这种障碍，走出"不可能"的阴影、跻身于上流社会，你必须拥有足够的自信，用信心支撑自己完成别人眼中"不可能完成"的事情。

当然，在灌注信心的同时，你必须了解其"不可能"的原因，看看自己是否具备驾驭能力，如果没有，先把自身功夫做足、做硬，"有了金刚钻，再揽瓷器活儿"。要知道，挑战"瓶颈"只会有两种结果——

成功或是失败，而两者往往只是一线之差，这不可不慎。

　　总而言之，请记住，极限绝非不可逾越，不可逾越的只有我们心中的那道坎。我们如果想提升自己的价值，改变自己的生存环境，就必须努力去跨越这道坎。这样，我们的人生才不至于黯淡无光。

第三辑
CHAPTER 3

开发创新意识，走出人生的城堡

创新能力是人们在某一领域所表现出的独特、杰出、非凡而有价值的才能。它不能单纯地说是一种能力，而是以创造性思维为核心的诸多能力的综合。而创新意识，正是成功创新最不可缺少的因素之一，所以说，我们必须在日常的社会实践中去反复刺激它的产生。

创新第一步：学会用两种方法思考问题

进入 21 世纪以后，人们口中提到最多的字就是"新"，诸如新世纪、新时代、新经济、新风貌、新发展、新气魄、新跨越……等等，可谓不胜枚举。的确，新世纪是知识经济的世纪，是一日千里的信息时代，在大时代背景下，生存竞争愈演愈烈，一个人如果想在新世纪立足，就必须拥有创新精神，否则等待你的必将是淘汰、是死亡！

我们一起去看看以下几个小故事：

故事一，苍蝇的智慧

美国密执安大学著名学者卡尔·韦克曾做过这样一个实验：将 6 只蜜蜂及 6 只苍蝇装进同一个玻璃瓶中，然后将瓶子平放，让瓶底朝向窗户。这时你会发现——蜜蜂不停地在瓶底找出路，直到力竭而死；苍蝇则会在两分钟之内，穿过瓶颈找回自由。事实上，正是由于蜜蜂对光亮的喜爱和它们的超群能力，才使得它们走向灭亡。

实验告诉我们，那些过分迷信于自己的能力和判断、固守教条的人，最后往往难逃厄运。人类的生存环境变得越来越不可预期、不可想象、不可理解，生活中的"蜜蜂们"，随时都有可能撞上走不出去的"玻璃墙"。

故事二，驴子过河

驴子进城，需要渡过一条河。去时它驮着盐袋，盐遇水化了不少，驴子感到周身轻松；回来时，尝到甜头的驴子想要如法炮制一番，但这次它驮的是棉花。结果，棉花浸水以后越来越沉，驴子不堪重负，溺死在河中。

这个故事说明，在不断变化的外部环境和自身状况面前，一味套用以往的成功经验是极其愚蠢的。车轱辘往后转，人要向前看！不要习惯性地认为以前的"正确"，一直就都"正确"，很多事情必须要在尝试以后才能得出结论。解决问题的方法有很多，只要在法律、人伦允许的范畴内，能让自己的人生取得成功，那就是"正道"。在这个瞬息万变的世界中，如果你想好好生存，就必须拥有创新的智慧，而不是教条式的机智。

故事三，猴子与香蕉

有人将5只猴子关入铁笼，铁笼上方挂了一串香蕉，旁边设有一个感应装置，一旦猴子接近香蕉，立即便会有水喷向笼子。猴子们发现了香蕉，如此美味怎能放过？于是其中一只奔了过去，结果，它们全部成了落汤鸡。猴子们不甘心，一一前去尝试，结果被淋了5次。于是猴子们形成了统一意见——绝不可以去拿香蕉，因为会有水喷出来。

后来，人们将其中一只猴子牵走，放入一只新猴。新猴一见到香蕉，马上就要去摘，结果被其他4只狠狠打了一顿，因为它们害怕新猴连累自己被水淋。新猴又作了几次尝试，最后被打得一头是血，因此只好作罢。人们如法炮制，再牵出一只旧猴，放入一只新猴，并且撤掉了喷水装置。然而，这只新猴依旧与它的"前辈"遭受了同等待遇。如此一来二去，笼中的旧猴全部被换成了新猴，但没有一只猴敢去动那串香蕉，虽然它们都不知道"不能动"的原因。

毫无疑问，是旧经验束缚了猴子，令原本唾手可得的美食变得遥不可及。事实上，很多人的思维与这些猴子毫无二致，他们在遭遇某类挫折之后，就变得"一朝被蛇咬，十年怕井绳"，唯唯诺诺不敢向前。殊不知，时过境迁，原本危险的东西如今或许正是成功的捷径，为何不去尝试？为何不敢突破？一个人想要有所建树，就必须打破旧经验，就必须要变化，只有变化了才会有希望。

美国著名管理大师彼得·杜拉克曾经说过："不创新，就死亡！"此语乃是验证无数客观事实得出的结论。近年来，宣布破产的企业老总比比皆是，原因也是各种各样，其中很重要的一条就是不懂创新。

那么，我们该如何有意识地培养自己的创新思维呢？

这就要求我们必须学会用两种方法思考问题。我们可以做这样一个比喻，假若思考是一部大车，那么逻辑思维和非逻辑思维就是这部车的两个轮子，想要这部车子前进，那么两个轮子就必须协调运转起来。换言之，在思考的过程中，我们要将非逻辑思维运用在有待创新的问题上，从而提出新设想、打通新思路，其作用主要在于摸索、试探，冲破传统的束缚，打破常规束缚；而要将逻辑思维运用在对新设想、新思路的整理和筛选上，以此归纳出一个解决问题的最佳方案，其主要作用在于检验和论证。

另外，中国香港《明报》曾发表一篇名为"创意的绊脚石"的文章，并列举了其种种表现，我们很有必要了解一下，再反其道而行之，便极易激发出自己的创意性思维。

1. 太过强调用逻辑去分析问题，只用垂直思考方法及着重语言思考。

2. 一开始便替问题下一个定义，往往因此而令思路太狭窄。

3. 喜欢用一些所谓"正统"的看法去看问题，遵循既有的规则去办事，并为以往的经验所限。

4. 认为每个问题都有一个标准的答案，因此只喜欢向一个方向找答案，不能想出多个解决方案。

5. 过早下结论。

6. 抗拒改变，不愿承认改变是生活的一部分。

7. 经常批评新尝试或建议。

这种错误的思维方法要注意克服。

大家要认识到，竞争于人而言，基本是平等的。社会环境宛如一条不断流淌的河流，时时都在动、都在变化。眼前的成功只是暂时的，任何成功的经验都不是一成不变的，你要想时刻处于成功的位置，就必须不停地否定自己，时刻督促自己进行变化、进行创新，否则后果将不堪设想。

创新第二步：寻找正确的做事方法

为什么有人成功？有人失败？这其实是一个说简单也简单，说复杂也复杂的问题。

有一位颇有成就的励志专家曾讲过这样一个故事：

那天我的一位朋友来看我，他父亲是我在内地的同事，曾在我任教的学校和我在同一间宿舍里生活了一年。他初中文化，工作后因工伤断了一根手指，20多岁就开始病退在家。我正式调来深圳后，帮他在单位找了一份保安工作，但他干了不到三个月就辞职了，从此我们失去了联系。

没想到过了六七年他会来看我，我很高兴。他告诉我他在内地一家房地产公司做老总，我听了差点吓得跌个跟头。他说他离开学校后就去一家地产公司做销售员，由于工作努力，业绩突出，不久就被提升为销售部负责人。他们公司的主项是与大学合建教师楼。他发现现在大学教师收入很高，而教师宿舍都是一些很老旧的房子，教师又不愿意离开校园生活，因此都想在学校附近买商品房。

刚好他叔叔在内地开了家房地产公司，他认为当地的房价在全国大城市中是最低的之一，他决定回内地发展。他给他叔叔详谈了他的全套想法，他叔叔很赞同，决定让他负责大学城的开发。

果然大学城销售很好，引起了轰动。他说，有的顾客上午来看房，到了下午就又涨价了。

因此不少大学纷纷找他们公司合作，业务量突飞猛增。后来他叔叔干脆将公司的主项转到了大学城的开发,并任命他为总经理。

  他的成长让我感叹了许久,从他身上我发现,成功者其实跟我们一样的普通,他们之所以成功,只是因为他们运用了正确的方法。

  记得读初二时,学校举办背英语单词竞赛,我考得很差,但同桌却是全年级第一名,那时我也认为是自己记忆力不好。后来同桌告诉了我他记单词的方法,将单词分类,将加了后缀和相近的单词归类在一起,每天上学、放学的路上,就在心里默默记诵。我采用了他的方法,并按自己的习惯将单词重新分类,不仅上学、放学路上记,临睡前也在心里默默地记一遍,结果到了初三,在学校的背单词竞赛中,我就成了第一名。

  这个体会让我知道,成功者运用的方法,我也一样可以学到,也一样可以运用去取得成功。

  生理学家经研究指出,人的神经系统大致相同,"成功者"当然也不例外。既然大致相同,那别人能做到的,我们为什么不能做到呢?

  成功者只是运用了正确的方法,而他们的方法我们一样可以学到,一样可以运用到生活中,帮助自己取得成功。因此说,注意向成功者学习,掌握向这个社会"进击"的正确方法和技巧,无疑是获取成功的捷径。

  成功者用几十年摸索出来的路,我们没必要再用几十年去摸索,我们只要从他们那里学习过来就行了。就像你要去别人家里,最快的方法当然是让他带你去,因为他最熟悉这条路了。所以不论你从事什么行业的工作,进步最快的方法,就是去找你这一行业的最优秀者,向他学习。

多见世面，增长见识，去跟最优秀的人接触、交谈，就是提升自己的捷径。

现在年轻人择业往往考虑的是企业的规模和薪金的高低，这是目光短浅的做法。其实年轻人的路还长，目前最重要的就是学习，取得经验，掌握长远"作战"的方法技巧。因此，首先要考虑的应该是在这里能学到些什么，对自己未来的发展有什么帮助，这才是有长远眼光，而不是暂时的工作的稳定性和收入的高低。

在体育界，大家都知道教练的作用非常重要。美国NBA的湖人队很长一段时间都没拿过冠军了，但请了曾多次带领公牛队夺冠的杰克逊当教练后，队员并没有变，湖人队当年就取得了NBA的总冠军。还有中国的足球队，喊了几十年也没冲出亚洲，米卢做了教练后，就取得了世界杯的入场券。有人说米卢是运气好，少了日韩的竞争。但只要看过全部小组赛的，凭着良心说，那届国家队就是踢得最好的一届。

运动员需要教练，教练的作用很重要；其实人生也需要教练，教练的作用也很重要。我们的人生教练就是那些成功者、教师和一些好的书以及我们周围的所有能帮助到我们的人。因为他们能提供最快捷、最正确的成功技巧，让我们尽可能地掌握人生战场的制胜兵法。

创新第三步：摆脱思维定式，要灵活机动

在这个瞬息万变的时代，墨守成规、不知变通显然是不行，这样的人只会残酷地遭到淘汰。人，还是要活络一些。然而，很多时候，人们往往会受到思维定式的限制，一旦碰到用现有方法解决不了的事情，就认为这件事不可能成功了，其实只要你能突破这种惯性思维，你就会知道世界上根本没有所谓的不可能。

我们以生意场为例，在生意场上，如果想要财源涌进，经营者就一定要有精明的生意人眼光，要能看得准，看得远，同时还要眼界开阔，头脑灵活。所谓眼界开阔，头脑灵活，简单地说，就是不要死守住一个自己熟悉的行当，而要善于在其他行当中发现可以开发的财源，说到底，也就是要时刻想着去不断地寻找新的投资方向，不断地扩大自己的投资经营范围。一个生意人如果只能看到自己正在经营的熟悉的行当，最终只会是抱残守缺，连正在经营的行当都不一定经营得好，更不用说为自己广开财源了。

因此，做生意一定要做得活络。做生意要活络，应该有两层意思：一是不要死守一方天地，要能根据具体情况作出灵活反应；二是反应要迅速，想到了就立即着手去做，不放过任何一个机会。

谈到做生意，我们就不能不说说胡雪岩。胡雪岩的生意就做得活络。在他驰骋商场一步步走向鼎盛的过程中，他灵活机动，四下出击，真可谓一步一个点子，一路一趟拳脚，一动一套招式，而招招式式都能为自己点化出一条财路。

胡雪岩为自己的蚕丝生意和帮王有龄办湖州官府的公事，几下湖州，结识了湖州颇有势力的民间把头、正做着湖州户房书办的郁四。胡雪岩凭着他的仗义和见识，也因为他帮助郁四妥善处理了家事，深得郁四敬服。为了报答胡雪岩，郁四做主，为胡雪岩娶了寡居的芙蓉姑娘做外室。

芙蓉姑娘的娘家本来也是生意人，祖上开了一家很大的药店，牌号"刘敬德堂"。刘敬德堂传至芙蓉姑娘父亲一辈时也还有些规模，不想她父亲10年前到四川采办药材，舟下三峡，在新滩遇险船毁人亡。她的叔叔外号"刘不才"，本来就是一介纨绔，极尽挥霍还特别好赌，接下家业不到一年就无法维持，药店连房子带存货都典给了别人，自己落得以告贷为生。不过这刘不才也有一个特别之处，就是俗话说的"瘦驴不倒架"，还有那么一点顾及脸面的硬气。比如自己潦倒到了极点，却还死活不同意侄女芙蓉给人做偏房，说是我们刘家穷是穷，但也没有把女儿给人做偏房的道理。芙蓉再嫁，他死活都不想认胡家这门亲戚。再比如潦倒归潦倒，但即使到了告贷无门的地步，他都不肯押出自己手上的几张家传秘方，以为只要秘方还在，家底就还在，心里还想着有一天要重振家业。

胡雪岩娶了芙蓉姑娘，这位不想认他这门亲戚的刘不才自然也是一个麻烦：不能不管，在一般人看来又确实是没法管。这时胡雪岩可以有两个选择，一是按郁四的想法，送刘不才一笔银子打发了，不再与他发生任何关系，一是按芙蓉的想法，由芙蓉劝动刘不才拿出那几张家传秘方，胡雪岩帮忙卖它万把银子，让他自己去过活。

胡雪岩却不这样想。他一定要认了这门亲，他要借刘不才开一家自己的药店。他凭着自己的眼光，一下子就看出药材生意在此时也将是一个相当不错的财源。这乱世当口，其一，军队行军打仗，转战奔波，一定需要防疫药；其二，大兵过后定有大疫，逃难的人生病之后要救命药。因此只要货真价实，创下牌子，药店生意就不会有错。而且，开药店还有活人济世行善积德的好名声，容易得到官府支持，在为自己赚钱的同时，还能为自己挣得好名声，何乐不为？自己不懂这行生意不要紧，刘不才懂，只要能够将他收服，迫他改掉身上的毛病，他就可以当起大用，而且他手上的那几张祖传秘方也正好可以充分利用。想妥这些之后，胡雪岩请郁四帮忙，摆了一桌"认亲"宴，就在这认亲宴上便谈妥了药店开办的地点、规模、资金等事项。

胡雪岩的胡庆余堂也就这样立起来了。在其后的几十年中，胡庆余堂成为名闻天下的老字号药店，不仅成为胡雪岩的一个稳定财源，也为他挣来了"胡大善人"的好名声，对他的其他生意也带来了极好的影响。

一个钱庄老板，在本业之上还要去做蚕丝生意，在做着蚕丝生意的时候又想起开药店，胡雪岩这四面出击，不断为自己广开财源的灵活，确实不能不让人叹服。事实上，做生意最没出息的，大概就是死守着一方天地。一笔生意再大，也只能有一次的赚头，一个行当再赚钱，也只是一条财路。显然，要广开财源，死守着一方天地是绝对不行的。胡雪岩说，做生意要做得活络，这里的活络，自然包括很多方面，但不死守一方，灵活出击，而且想到就做，绝不犹豫拖延，应该是这"活络"二字的精义所在。

要知道，那些头脑呆板、固守教条的人，最后往往难逃厄运。人类的生存环境变得越来越不可预期、不可想象、不可理解，我们随时都有可能撞上走不出去的"玻璃墙"。倘若在不断变化的外部环境和自身状况面前，一味套用以往的成功经验是极其愚蠢的。车辘辘往后转，人要向前看！不要习惯性地认为以前的"正确"，一直就都"正确"，很多事情必须要在尝试以后才能得出结论。解决问题的方法有很多，只要在法律、人伦允许的范畴内，能让自己的人生取得成功，那就是"正道"。在这个瞬息万变的世界中，如果你想好好生存，就必须拥有创新的智慧，而不是教条式的机智。

下面，是我们为大家甄选的、一组摆脱思维定式的训练题。它的真正意义就在于帮助我们探索事物存在、运动、发展，联系的各种可能性，从而改变我们思考问题的单一性、僵硬性和习惯性。

题一：牧场上有一匹马，马头朝东站立，而后它向右转了270度，请问：这时马尾指向哪个方向？

题二：你是否可以将10枚硬币放在同样的3个玻璃杯中，并使每个杯子里的硬币数都为奇数？

题三：粗心人忘了倒胶卷，往往造成全曝光了，你有什么好建议？

题四：玻璃瓶里装橘子水，瓶口塞着软木塞，不准打碎瓶子、也不准弄碎软木塞，请问怎么倒出橘子水？

题五：某人的衬衣纽扣掉进了已经倒入咖啡的杯子里，他赶紧从杯子里拾起纽扣，但手不湿，连纽扣也是干的，这是怎么回事？

题六：某人昨天碰到一场雨，他正好未戴帽子，也未撑伞，头上什么也没遮盖，结果衣服全部淋湿，但头发却没有一根湿的，这是怎么回事？

题七：某列车驶进一隧道。奇怪的是，该火车既没有发生事故，也没有出现其他故障，却从某一点开始不能再开进去了。为什么？

题八：一天晚上，老王正在读一本很有趣的书，他的孩子突然把电灯关了，尽管屋里一团漆黑，可老王仍在继续读书，这是怎么回事？

题九：有一棵树，树下面有一头牛被一根2米长的绳子牢牢地拴住鼻子，牛的主人把饲料放在离树恰好5米之外就走开了，牛很快就将饲料吃了个精光，牛是怎么吃到饲料的？

题十：汽车司机的哥哥叫李强，可是李强并没有弟弟，这是怎么回事？

答案：

1. 马尾一直向下。

2. 我们只要把其中一只杯子放入另一只装着偶数个硬币的杯子中，就可以使每只杯子中都是奇数枚硬币了。

3. 使用数码相机。

4. 将软木塞拔出。

5. 咖啡还没有冲。

6. 该人是个光头。

7. 因为它从隧道的终点开始"开出去"了。

8. 老王是个盲人，正在读盲书。

9. 绳子只是拴在牛鼻子上，但并没有拴在树上，所以牛可以很自在地走过去，将饲料吃光。

10. 司机是个女的。

大家看，其实那些看似无法理解的问题，只要想通了，解决起来就并不难。只是在我们被关在思维定式的笼子中时，很多事情我们不敢去尝试，进而认为它是不可能完成的任务，因为跳不出思维的笼子，所以我们永远也得不到生命中的"甜果"。其实很多看似不可能的事情，只要打开思路，你就可以获得成功。

成功者之所以能够成功，与其与众不同的思维方法存在着莫大关系。这类人很少随波逐流，往往灵机一动就会有一个新点子。生活中，我们也需要这种在别人不注意的地方发现机会的"灵机一动"，这样才能取得令人刮目相看的成就。

鸡肋食之无味，弃之可惜，但如果你有一种与众不同的思路做指南，就可以用"鸡肋"做出"大餐"来。

创新第四步：敏于生疑，敢于存疑，能于质疑

孙子曰："凡战者，以正合，以奇胜。故善出奇者，无穷如天地，不竭如江海。终而复始，日月是也。死而更生，四时是也。声不过五，五声之变，不可胜听也；色不过五，五色之变，不可胜观也；味不过五，五味之变，不可胜尝也；战势不过奇正，奇正之变，不可胜穷也。奇正相生，如循环之无端，孰能穷之哉！"这是"兵势篇"的精髓所在，主旨在于强调一个"变"字，它告诉我们，只有擅变者才能长胜。

诚然，懂得坚持是件好事，成功确实离不开这种品性。但过度的坚

持就没有必要了，因为那只能称为"固执"。

近代大思想家已故梁启超先生说："变则通，通则久。"知变与应变是当代社会衡量一个人素质、能力高低的重要标准。人在做事时应该学会变通，放弃毫无意义的固守，如此才能将事情做得更好。

所谓"树挪死，人挪活"，种子一旦落地生根、长成树苗以后，就不要轻易移动，一动就很难再成活。而人则恰恰相反，人有智商，遇到问题需要灵活处理，这种方法行不通就换一个，总有一个是正确的。

做人不可墨守成规，不能钻牛角尖，倘若再走一步就是悬崖，你还非要直着走下去吗？所以说，在这尘世间行走，一条路走到黑万万不可，你必须具体问题具体分析、具体情况具体对待，才能拿出最好的对策。固守经验只会束缚人的潜力发挥，不破不立，这是成功的硬道理。

我们举个例子来说明一下：

古希腊在物理学说方面有两大学派，一派以哲学家亚里士多德为代表，另一派则以自然科学家阿基米德为代表。两人皆是古代希腊著名的学者，但由于两人的观点和方法不同，其科学结论也就各异，并形成了鲜明的对立。亚里士多德学派的观点基本是唯心的，他是凭主观思考和纯推理方法作结论的，所以是充斥着谬误。而阿基米德学派的观点基本是唯物的，他完全依靠科学实践方法得出结论。

然而从11世纪起，在基督教会的扶持下，亚里士多德的著作得到了经院哲学家的重视，他们排斥阿基米德的物理学，把亚里士多德的物理学奉为经典，凡违反亚里士多德物理学的学者均被视为"异端邪说"。但伽利略却对亚里士多德的物理学抱怀疑态度，相反，他特别重视对阿基米德物理学的研究，他重视理论联系实际，注意观察各种自然现象，思考各种问题。

亚里士多德认为两个物体以同一高度落下,重的比轻的先着地,但伽利略经过反复的研究与实验后,改写了这一结论:物体下落的快慢与重量无关。传说1590年,伽利略在比萨斜塔公开做了落体实验,验证了亚里士多德的说法是错误的,使统治人们思想长达2000多年的亚里士多德的学说第一次发生动摇。

大家想想,亚里士多德的错误论断,竟然经过了两千多年才被推翻,为什么在此期间没有人站出来提出疑问?因为,一直以来人们都只在学习亚里士多德的理论,他的所有思想都被尊为不可怀疑的真理。不敢于怀疑"真理"的人都是在死学,这样的人是很难有所作为的。

然而在现实生活中,我们之中很多人在处理问题时,总是习惯性地按照常规思维去思考,他们一味固守传统、不求创新,不敢怀疑,所以往往会走入人生的死胡同。

那么,既然此路不通,何不绕行?即跳出固有的思维模式,想别人未曾想、干别人未曾干,用"变通"的方法去敲开成功的大门。变通能力是一个人动态而实用的能力,那些敢于怀疑、灵活巧变的人做起事来往往会事半功倍,取得意想不到的收获。

在职场上,领导者也往往更喜欢那些擅于变通、顺势而动的人。首先,他们不用担心这样的人会受外部环境影响产生大的情绪波动,从而影响工作;其次,还可以依靠这种人在"非常时期"随机应变,解决突发事件。

其实不仅在工作中,人生处处都要懂变通。那些杰出人士之所以能够成功,其中很重要的一个因素就是善于变通。这里所说的变通实质上是一种弹性处理,这与"耍滑头"及没有原则是完全不同的。因事制宜,顺势而动,根据环境、配合需求,制定最佳策略,这才是弹性处理。分明已经是死胡同,还要硬着头皮往里闯,那就只能撞南墙。

伯恩·崔西提醒人们——很多事之所以会失败,是因为没有遵循变通这一成功原则。大千世界变化无穷,生活在这种复杂的环境中,是刻舟求剑、按图索骥,还是举一反三、灵活机动,将直接决定你的生存状态。

我们要做到不固守成法,就要敏于生疑,敢于存疑,能于质疑,并由此打破常规、推陈出新。当然,推陈出新必然会存在风险,因而,我们应允许自己犯错误,并从错误中汲取经验、教训,从而弥补自己的不足。不过,不固守成法也并不意味着盲目冒险,做任何创新性举动之前,我们都应做好充分的评估与精确的判断,将危险成本控制在合理的范畴之内,使变通产生最好的效果。

事实上,无论你是否察觉到、无论你是否愿意,其实每个人无时无刻不在寻求变通。只不过有所不同的是,善于变通的人把自己越变越好,而不善变通的人则使自己越来越差。一个真正的聪明人不但能够灵活运用一切他已知的事物,而且还可以巧妙利用他未知的事物,能在恰当的时机将事情处理得尽善尽美,这完全可以称作是一种艺术。我们只要掌握了这门艺术,就能够应对人生中的各种变故,在变通中挖掘机会,在变通中走向成功。

创新第五步：开发发散思维

可能很多人都看过这样一则笑话：美国宇航局曾经为圆珠笔在太空不能顺畅使用而大感苦恼，并出巨资请专家研制新式品种。两年过去了，该科研项目进展缓慢。于是，宇航局向社会悬赏，征求此种"便利笔"。不料，很快来了一个小伙子，他向惊讶的官员们出示自己的"研究成果"——是一支铅笔。其实这个笑话告诉了我们一个道理：如果换个思路、换个角度看问题，你可能就会从失败迈向成功。

有一家生产牙膏的公司，产品优良，包装精美，深受广大消费者的喜爱，每年营业额蒸蒸日上。

记录显示，前十年每年的营业额增长率为15%～20%，不过，随后的几年里，业绩却停滞下来，每个月维持同样的数字。

公司总裁便召开全国经理级高层会议，以商讨对策。

会议中，有名年轻经理站起来，对总裁说："我手中有张纸，纸里有个建议，若您要使用我的建议，必须另付我10万元！"

总裁听了很生气说："我每个月都支付你薪水，另有分红、奖励。现在叫你来开会讨论，你还要另外要求10万元。是不是过分了？"

"总裁先生，请别误会。若我的建议行不通，您可以将它丢弃，一分钱也不必付。"年轻的经理解释说。

"好！"总裁接过那张纸后，看完，马上签了一张10万元支票给那年轻经理。

那张纸上只写了一句话：将现有的牙膏管口的直径扩大1毫米。

总裁马上下令更换新的包装。

试想，每天早上，每个消费者挤出比原来粗 1 毫米的牙膏，每天牙膏的消费量将多出多少呢？

这个决定，使该公司随后一年的营业额增加了 25%。

当总裁要求增加产品销量时，绝大多数高级主管一定是在考虑，怎样才能扩大市场份额？怎样才能把产品推广到更多地区？一些人可能连怎样在广告方面做文章都想到了，但这些老生常谈未必起得了作用。只有那位年轻经理换了个思路——增加老顾客的消费量，不是同样能达到增加销售的目的吗？而且这个方法更简单、更有效。灵活的思考对一个人的成功是非常必要的，能够从另一个角度看问题，见人所不见，善于突破常规，这就是创新。

19 世纪 50 年代，美国西部刮起了一股淘金热。李维·施特劳斯随着淘金者来到旧金山，开办了一家专门针对淘金工人销售日用百货的小商店。一天，他看见很多淘金者用帆布搭帐篷和马车篷，就乘船购置了一大批帆布运回淘金工地出售。不想过去了很长时间，帆布却很少有人问津。李维·施特劳斯十分苦恼，但他并不甘心就这样轻易失败，便一边继续销帆布，一边积极思考对策。有一天，一位淘金工人告诉他，他们现在已不再需要帆布搭帐篷，却需要大量的裤子，因为矿工们穿的都是棉布裤子，很不耐磨。李维·施特劳斯顿觉眼前一亮：帆布做帐篷卖销路不好，做成既结实又耐磨的裤子卖，说不定会大受欢迎！他领着那个淘金工人来到裁缝店，用帐布为他做了一条样式很别致的工装裤。这位工人穿上帆布工装裤十分高兴，逢人就讲这条"李维氏裤子"。消息传开后，人们纷纷前来询问，李维·施特劳斯当机立断，把剩余的帆布全部做成工装裤,结果很快就被抢购一空。由此,牛仔裤诞生了,并很快风靡全世界,给李维·施特劳斯带来了巨大的财富。

发散式的思维使人赢得更多成功机会。一个聪明的人,不会总在一个层次做固定思考,他们知道很多事情都是多面体,如果你在一个方向碰了壁,那也不要紧,换个角度你就会走向成功。

那么,我们要怎样培养自己的发散思维呢?

1. 充分发挥想象力

德国著名学者黑格尔曾经说过:"创造性思维需要有丰富的想象。"事实上,在我们以往接受的、寻求"唯一正确答案"的教育影响下,我们很大程度上浪费了自己的想象力,我们的思维不禁有些单一。这就要求我们下意识地去激发自己的想象,在生活中借助各种事物启发自己,展开丰富合理的想象,对发散性思维进行再创造。

2. 淡化标准答案,尽可能运用多想思维

要敢于提出假设,对标准答案提出疑问。事实上,单向思维只能说是低水平的思考,多向思维才是高质量的思考。我们可以在思考时尽可能多地给自己提出一些"假设……"、"假如……"、"如果是这样……"之类的问题,强迫自己转换一个角度去思考。这样一来,我们或许就会发现别人所想不到的事情。

3. 打破常规、弱化思维定式

法国著名学者贝尔纳曾经说过:"妨碍学习的最大障碍,并不是未知的东西,而是已知的东西。"我们来看看这样一道智力测验题——"用什么方法可以使冰最快地变成水?"那些陷入思维定式的人往往会回答

"迅速加热"。但事实上，这个问题的答案是——"只要去掉两点水就可以了"。显然，这是超出一般人想象的。

的确，思维定式确实能够在一定程度上帮助我们圆满地解决问题，但在需要创新时，它就会成为"思维的枷锁"，阻碍我们进行创新，也阻碍我们对于新知识的吸收。因此，我们要鼓励自己对已知事物提出疑问，不要尽信书，那样不如无书。

要知道在这个世界上，从来没有绝对的失败，有时候只要调整一下思路，转换一个视角，失败就会变成成功。很多人相信，如果失败了，就应该赶快换一个阵地再去奋斗，如果按照这种观点，李维·施特劳斯就应该把帆布锁进仓库里，或廉价甩售出去，但幸好李维·斯特劳斯没有这么做。他没有放弃帆布，并且积极寻找解决问题的办法，终于从淘金工人的话里获得了启示：将帆布做成帆布裤，因此获得了成功，失败与成功相隔得并不远，有时也许只有半步距离。所以如果遭遇到了失败，千万不要轻易认输，更不要急于走开，只要保持冷静，勇于打破思维的定式，积极寻找对策，成功一定很快就会到来。

创新第六步：化腐朽为神奇

成功者之所以能够成功，与其与众不同的思维方法存在着很大关系。这类人很少随波逐流,往往灵机一动就会有一个新点子。生活中,我们也需要这种在别人不注意的地方发现机会的"灵机一动",这样才能取得令人刮目相看的成就。

父亲问儿子"一磅铜可以卖多少钱?"儿子回答说:"四美元!"父亲摇了摇头:"对于好商人来说,一磅铜不应该只值四美元。把它做成门把手,我们可以获得40美元,做成钥匙可以卖到400美元!我的孩子,你要记住,只要你有眼光,那么废物也可以变成宝物!"这个孩子牢牢记住了父亲的话。

若干年后,这个孩子成了曼哈顿的一名商人,而且是一名非常出色的商人。有一年广场的自由女神像被拆除了,铜块、木头堆满了整个广场,谁来处理这些垃圾呢?市政厅非常头痛,商人听说这件事后,主动请求处理这些东西。当地商人都在暗地里笑他:这么一堆垃圾有什么用呢?何况美国要求垃圾必须分类处理,一不小心就有可能触犯市规,这个傻瓜简直是自讨苦吃!

但几周后,这群商人从幸灾乐祸变成了妒恨交加,那么商人究竟做了什么呢?他把铜块收集起来铸成了一个个微型自由女神像,再用木块镶了底座,把它们当成纪念品出售,一个星期就被抢购一空。就连广场上的尘土都没有浪费,商人把它们装进一个个小袋子里,当作花盆土卖进花市,总而言之,这堆一文钱没花就得来的垃圾让商人大赚了一笔。傍晚商人给在外地疗养的父亲打了个电话:"爸爸,还记得您以前告诉我每磅铜可以卖到400美元吗?""是的,我的孩子,怎么了?""爸爸,我把每磅铜卖到了4000美元!"

沾满尘土的碎铜和木头,在大多数人看来就是垃圾,或许那些铜可以卖废品，但那些尘土和木头收拾起来很费劲，看来这实在是一笔赔本生意。当众多商人都认为这是一堆废物和负担时，商人却用自己非同寻常的眼光发现了其中的商机，这位商人的非凡之处，不在于他物尽其用的功力，而在于他发现机会和可能性的眼光。这种眼光不是随便就能拥有的，它必然要以一种与众不同的思路做指导，而更深层次的来源则应是一种独特的做人智慧。美国得克萨斯州的宾客桑斯货运公司为了扩大知名度，曾经在广告宣传上煞费苦心，但是效果不佳。因为货运这种枯燥无味的内容对于娱乐第一、消费第一的美国平民百姓来说，简直就是对牛弹琴。无奈之下，他们找到了新闻界的一位朋友，请他出谋划策。这位新闻人士说，广告内容的设计最好能与美国人的日常生活相关。于是，他们想到了结婚，这是普通人最感兴趣的事情之一。后来，公司与当地著名报纸协商，在一篇关于本地夫妇旅游结婚的报道的顶栏处做了这样一个广告："他们在货车上度蜜月，相爱4.5万公里。"广告登出的第二天，立刻就在读者中传开了这样一个话题："谁想出来的歪主意？新婚夫妇在货车上面度蜜月！""还有谁，就是那个宾客桑斯货运公司！"从此，这家公司闻名遐迩，效益斐然。无独有偶。在美国举行的第54届总统选举中，候选人布什与戈尔得票数十分接近，但由于佛罗里达州计票程序引起双方的争议，因此导致新总统迟迟不能产生。原计划发行新千年总统纪念币的美国诺博·斐特勒公司面对总统难产的危机，灵机一动，化危机为商机，利用早已经准备好了的布什与戈尔的雕版像抢先发行4000枚银币。银币为纯银铸造，直径三寸半，不分正反面，一面是小布什的肖像，一面是戈尔的肖像，每枚订购价79美元。结果，短短几日，纪念银币就被订购一空，该公司利用总统难产，大赚了一笔。

看来有头脑的人都会从人们视为废物的东西和危险领域的地方发现机会创造价值。从理论上来说，化腐朽为神奇从来都是费力费神却成功率不高的事。然而在实际生活中，环境却为这些有勇气、有眼光把鸡肋做成大餐的人提供了丰厚的回报。也许人们会认为，他们得到回报完全是由于一种不经意的灵机一动，是一种偶然的幸运。可是，这种不经意的灵机一动中究竟蕴藏了怎样的聪明和智慧呢？盲目随大流、长时间形成的思维习惯和心理定式束缚着人们的大脑，因此，能够换一种思路，不随大流做人做事，无论如何都是难能可贵的。我们倡导换一种思路，就是要解除尽可能多的人为的束缚，以期有更多的"灵机一动"。

我们必须站在全局的高度思考和研究问题。不谋全局者，不足以谋一域。懂全局、讲全局、谋全局，是员工必须具备的一种高素质和能力。只有经常站在全局和长远的高度去想问题、看问题，才能"一览众山小"，思得深，看得透。

此外，必须结合工作实际来思考和研究问题。俗话说，实践出真知。要想发现问题，就要用多种方法尝试做自己的工作，通过实践获得丰富的经验。一个经验丰富的修理工只要听听声音就能知道问题出在哪里。做人做事都要善于总结。

发现问题，并非单单指用"火眼金睛"迅速找到阻碍我们工作顺利进行的障碍，还要善于发现工作中的漏洞。对工作中的每一个疑点，都要从细微处着眼，见微知著。要常怀"千里之堤，溃于蚁穴"的危机感，善于发现问题，查清查实问题，不断纠正，堵塞漏洞，防患于未然。

还有就是要多思考、多研究，力争与时俱进。看到成绩的同时，我们也要清醒地认识到，我们的工作与领导的期待还有不小差距，前进中还将面临不少困难和问题。面对瞬息万变的市场和公司的不断发展，我们的工作必然会不断地涌现出新问题，我们只有保持思想上的敏锐性，以创新的精神去发现问题，以创新的思维去思考和研究问题，以创新的举措去解决问题，才能使各项工作上新台阶，才能始终走在时代的前列。

实际上，发现问题的方法何止成千上万，因为工作本身就是一项非常具有创造力的活动。问题的关键是：方法都非常简单。问题的实质是：我们要做有心人。

创新第七步：运用反向思维

我们在考虑问题时，不但应该放宽去想，还应该反向去想，反向思维虽然有点"险"，但却常能出奇制胜。

反向思维是不随大流走最极端的形式，它不但不随大流，反而朝相反的方向走。这种反向思维虽然有点冒险，但却常因独辟蹊径，而获得起死回生、反败为胜的作用。

我们来看看这个故事：

从前，有位商人和他长大成人的儿子一起出海远行。他们随身带上了满满一箱子珠宝，准备在旅途中卖掉，但是没有向任何人透露过这一秘密。一天，商人偶然听到了水手们的低声交谈。原来，他们已经发现了他的珠宝，并且正在策划着谋害他们父子俩，以掠夺这些珠宝。

商人听了之后吓得要命，他在自己的小舱内踱来踱去，试图想出个摆脱困境的办法。儿子问他出了什么事情，父亲于是把听到的全告诉了他。

"同他们拼了！"年轻人断然道。

"不，"父亲回答说，"他们会制伏我们的！"

"那把珠宝交给他们？"

"也不行，他们还会杀人灭口的。"

过了一会儿，商人怒气冲冲地冲上了甲板，"你这个笨蛋！"他冲儿子叫喊道，"你从来不听我的忠告！"

"老头子！"儿子也同样大声地说，"你说不出一句值得我听进去的话！"

当父子俩开始互相谩骂的时候，水手们好奇地聚集到周围，看着商人冲向他的小舱，拖出了他的珠宝箱。"忘恩负义的家伙！"商人尖叫道，"我宁肯死于贫困也不会让你继承我的财富！"说完这些话，他打开了珠宝箱，水手们看到这么多的珠宝时都倒吸了口凉气。而商人又冲向了栏杆，在别人阻拦他之前将他的宝物全都投入了大海。

又过了一会儿，父与子都目不转睛地注视着那只空箱子，然后两人躺倒在一起，为他们所干的事而哭泣不止，后来，当他们单独一起待在小舱时，父亲说："我们只能这样做，孩子，再没有其他的办法可以救我们的命！"

"是的，"儿子答道，"您这个法子是最好的了。"

轮船驶进了码头后，商人同他的儿子匆匆忙忙地赶到了城市的地方法官那里。他们指控了水手们的海盗行为和犯了企图谋杀罪，法官派人逮捕了那些水手。法官问水手们是否看到老头把他的珠宝投入了大海，水手们都一致说看到过。法官于是判决他们都有罪。法官问道："什么人会弃掉他一生的积蓄而不顾呢，只有当他面临生命的危险时才会这样去做吧？"水手们听了羞愧得表示愿意赔偿商人的珠宝，法官因此饶了他们的性命。

这个久经商场磨炼的商人见识确实高人一等，遇到会被人谋财害命的危险时，一般人的做法就是跟对方拼了，或者是献财保命，但这位商人却偏偏反其道而行之：不跟对方撕破脸，反而做出一无所知的样子，不把财宝献给水手，反而把它们抛入大海。身陷绝地的时候，如果按常规出牌往往会招致大败，但若反其道而行，则可能会获得一线生机，故事中的父子便用反向思维保住了生命，又使财产失而复得。

当然，逆向思维的运用方法远不止这一种，那么下面我们就来了解和学习一下：

1. 还原分析

我们在考虑问题时，其实完全可以先放下当前的思绪，回到问题的原点，透过问题的本质寻找创新的方法。举个例子说明一下：人们在探矿时发现，金矿区和银矿区的忍冬藤会生长得特别茂盛，而铜矿区的野玫瑰则会呈现出蔚蓝色。于是，人们在探矿时，会先分析当地植物的参数，再分析下面矿藏，这种植物探矿法很大程度上减少了钻探的盲目性。

2. 逆用缺点

缺点并不都是坏事，我们在面对问题时，其实也可以利用事物的缺点进行创新。例如，在一次工商界聚会中，几位老板谈起自己的经营心得，其中一位说："我有三个不成才的员工，我准备找机会将他们炒掉。这三个人，一个整天嫌这嫌那，专门吹毛求疵；一个杞人忧天，老是害怕工厂出事；还有一个经常不上班，整天在外面闲荡鬼混。"另一个老板听后想了想说："既然这样，你就把这三个人让给我吧！"

这三个人第二天到新公司报到，新的老板开始分配工作：喜欢吹毛求疵的人员负责产品质量管理；害怕出事的人让他负责安全保卫工作；喜欢闲荡的人让他负责产品宣传，天天东奔西跑联系各家媒体。三个人一看工作的安排，非常符合自己的个性，不禁大为欣喜，兴冲冲地走马上任。过了一段时间，因为他们的卖力工作，新公司的经营业绩直线上升，生意蒸蒸日上。

3. 逆用原理

顾名思义，这就是要我们从事物原理的反方向进行思考，以求实现创新。例如，打高尔夫球虽然是一向高雅、健康的运动，但它对场地的要求很高，需要种植高质量的草坪，成本太大，普通的工薪阶层消费不起。那么，能不能在水泥地板上打高尔夫呢？于是有人想到：既然高尔夫球对"草坪"要求很高，那么，何不将"草坪"移植到高尔夫球上？如此一来，不就可以在水泥地板上打了吗？于是，人们发明了"带毛"的高尔夫球，它完全可以在水泥地板上打，因而大大降低了成本，使更多的人参加到了这一娱乐活动中。

4. 逆用功能

这就是要我们从事物现有功能的反方向进行思考，从中寻找突破的契机。例如，3M公司的一个职员在无意之中偶然发现，将废弃的纸张进行一定的处理就可以成为粘贴纸，他的这一发现为公司创造了巨额利润，当然，他也得到了应有的回报。

5. 逆用结构

这就是要我们从事物结构方式出发，进行逆向思考，譬如将结构位置颠倒、置换，等等。在第四届中国青少年发明创造大赛中，荣获一等奖的"双尖绣花针"运用的就是这一思维方式。武汉义烈小学学生王帆将针孔位置设计到针的中间，而把两端都加工成针尖，这样一来，绣花的速度竟提高将近一倍。

6. 逆用观念

人的观念不同，其所做出的行为就会不同，收获也会有所不同，而观念相同，行为相似，收获也就不相伯仲。不要以为这是在玩文字游戏，事实上我们是想提醒大家：要想自己的收获超于常人，那么就必须培养自己独特的观念。譬如说，当别人都觉得你这一次的工作失败时，你要告诉自己——这不过是一次学习，为的就是历练。

逆向思维的运用是一种独特做事方法的体现，它既是一种创新，又是一种对常规的破坏。当然，这种"破坏"不表现在对人情和风气习惯上，而是表现在能落实到具体事物上的常规思维上。新的思路往往能在常规事物之外找到突破口，当然这也需要人的清醒判断和某种可遇不可求的机遇。

创新第八步：摆脱别人的影响

爱默生曾经说过："想要成为一个真正的'人'，首先必须是个不盲从的人。你心灵的完整性是不容侵犯的……当我放弃自己的立场，而想用别人的观点去看一件事的时候，错误便造成了……"的确，一个人，只要认为自己的立场和观点正确，就要勇于坚持下去，而不必在乎别人如何去评价。

美国的威尔逊在最初创业时，只有一台价值50美元分期付款赊来的爆米花机。第二次世界大战结束后，他做生意赚了点钱，于是就决定从事地皮生意。当时，在美国从事地皮生意的人并不多，因为战后人们一般都比较穷，买地皮建房子、建商店、盖厂房的人很少，地皮的价格也很低。当亲朋好友听说威尔逊要做地皮生意，都强烈地反对。而威尔逊却坚持己见，他认为反对他的人目光短浅，虽然连年的战争使美国的经济很不景气，可美国是战胜国，经济会很快进入大发展时期。到那时买地皮的人一定会增多，地皮的价格会暴涨。于是，威尔逊用手头的全部资金再加一部分贷款在市郊买下很大的一片荒地。这片土地由于地势低洼，不适宜耕种，所以很少有人问津。但是威尔逊亲自观察了以后，还是决定买下了这片荒地。他的预测是，美国经济会很快繁荣，城市人口会日益增多，市区将会不断扩大，必然向郊区延伸。在不远的将来，这片土地一定会变成黄金地段。

后来的发展验证了他的预见。不到三年时间，美国城市人口剧增，市区迅速发展，大马路一直修到威尔逊买的土地的边上。这时，人们才发现，这片土地周围风景宜人，是人们夏日避暑的好地方。于是，这片土地价格倍增，许多商人竞相出高价购买，但威尔逊不为眼前的利益所惑，他还有更长远的打算。后来，威尔逊在这片土地上盖起了一座汽车旅馆，命名为"假日旅馆"。由于它的地理位置好，舒适方便。开业后，顾客盈门，生意非常兴隆。从此以后，威尔逊的生意越做越大，他的假日旅馆逐步遍及世界各地。

坚持一项并不被人支持的原则，或不随便迁就一项普遍为人支持的原则，都不是一件容易的事。但是，一旦这样做了，就一定会赢得别人的尊重，体现出自己的价值。

现在人们生活在一个充满专家的时代。由于人们已十分习惯于依赖这些专家权威性的看法，所以便逐渐丧失了对自己的信心，以至于不能对许多事情提出自己的意见或坚持信念。这些专家之所以取代了人们的社会地位，是因为是人们让他们这么做的。

没有独立的思维方法、生活能力和自己的主见，那么生活、事业就无从谈起。众人观点各异，欲听也无所适从，只有把别人的话当参考，坚持自己的观点按着自己的主张走，一切才处之泰然。

一个人能认清自己的才能，找到自己的方向，已经不容易；更不容易的是，能抗拒潮流的冲击。许多人仅仅为了某件事情时髦或流行，就跟着别人随波逐流而去。他忘了衡量自己的才干与兴趣，因此把原有的才干也付诸东流。所得只是一时的热闹，而失去了真正成功的机会。

一个真正独立的"人"，必然是个不轻信盲从的人。一个人心灵的完整性是不能破坏的。当我们放弃自己的立场，而想用别人的观点来评价一件事的时候，错误往往就不期而至了。

我们也许可以做这样的理解:"要尽可能从他人的观点来看事情,但不可因此而失去自己的观点。"

当我们身处陌生的环境,没有任何经验可供参考的时候,就需要我们不断地建立信心,然后才能按照自己的信念和原则去做。假如成熟能带给你什么好处的话,那便是发现自己的信念并有实现这些信念的勇气,无论遇到什么样的情况。

时间能让我们总结出一套属于自己的审判标准来。举例来说,我们会发现诚实是最好的行事指南,这不只因为许多人这样教导过我们,而是通过我们自己的观察、摸索和思考的结果。很幸运的是,对整个社会来说,大部分人对生活上的基本原则表示认可,否则,我们就要陷于一片混乱之中了。保持思想独立不随波逐流很难,至少不是件简单的事,有时还有危险性。为了追求安全感,人们顺应环境,最后常常变成了环境的奴隶。然而,无数事实告诉人们:人的真正自由,是在接受生活的各种挑战之后,是经过不断追求、拼搏并经历各种争议之后争取来的。

如果我们真的成熟了,便不再需要怯懦地到避难所里去顺应环境;我们不必藏在人群当中,不敢把自己的独特性表现出来;我们不必盲目顺从他人的思想,而是凡事有自己的观点与主张。

对于生活中的我们来说,能拥有自己的完整心灵,使其神圣不受侵犯,即坚守心灵的感应,不要盲从,不要随波逐流,这是非常重要的。请一定记住,跟着别人走,你永远只能居于人后。

第四辑
CHAPTER 4

培养抗压意识，
摆脱命运的打击

抗压意识对个人成长至关重要。因为每个人的成长过程都不可能一帆风顺，因为我们不是生活在真空中，我们必然要承受各种不可预测的挑战或苦难。而抗压意识，可以告诉我们如何去面对这些人生中的纷纷扰扰。

抗压第一步：在低起点上打造高心态

人生在世，很多事情确实不由我们自己做主。就拿出身来说，一部分人生在富贵之家，自幼锦衣玉食，享受着"高等教育"，无须刻意去奋斗，就能够得到比普通人更多的收获。

然而，这毕竟只是少数人的待遇，多数情况下我们会降生在一个平凡人家。这样的家境，无法为我们搭建有高度的人生起点，因此我们注定要比那些"天之骄子"多付出几倍，甚至是几十倍的努力。当然，你可以去指责上苍的"不公"，但你绝不能怨天尤人、得过且过，将大好的青春白白浪费。

事实上，很多成功人士的人生起点同样很低，但他们能够把这种"不公"转换成动力，在平凡的起点上，铆足劲攀上不平凡的高度。而这些人成功的关键因素就是，他们对生活态度以及做人的心态。

罗伯特·巴拉尼的故事就是一个活生生的例子。罗伯特·巴拉尼出生在一个犹太家庭，年幼时不幸患上骨结核病，由于贫困没钱根治，他的膝关节最终落下残疾——永久性僵硬。父母为儿子感到伤心，巴拉尼当然也痛苦至极。然而，尽管当时只有七八岁，但他却懂得把自己的痛苦隐藏起来，他对父母说："你们不要为我伤心，我完全能做出一个健康人的成就。"听到儿子的这番话，父母悲喜交集，抱着他泪流满面。

从此，巴拉尼狠下决心——一定要证明自己不比别人差！父母为儿子的坚强、"好胜"大感欣慰，他们每天交替接送巴拉尼上下学，10余年风雨不改！巴拉尼也没有辜负父母的心血，没有忘掉自己的誓言，从小学至中学，他的成绩一直在同年级学生中名列前茅。

18岁时，巴拉尼考入维也纳大学医学院，并于最终获得了博士学位。大学毕业以后，作为一名见习医生，他留在了维也纳大学耳科诊所工作，由于工作努力，颇受该大学医院著名医生——亚当·波利兹的赏识。于是，波利兹对他的工作和研究给予了热情的指导。此后，巴拉尼对眼球震颤现象进行了深入研究和探源，经过多年努力，他发表了题为《热眼球震颤的观察》的研究论文。这篇论文的发表，受到了医学界的广泛关注和认同，耳科"热检验法"就此宣告诞生。在此基础上，巴拉尼再度深入钻研，通过实验最终证明——内耳前庭器与小脑有关，从此奠定了耳科生理学的基础。

后来，著名耳科医生亚当·波利兹病重，他将自己主持的耳科研究所事务及维也纳大学耳科医学教学任务，全部交给了巴拉尼。繁重的工作给了巴拉尼很大压力，但他没有畏惧，他在出色完成工作之余，仍继续着对自身专业的深入研究。几年以后，巴拉尼先后发表了《半规管的生理学与病理学》《前庭器的机能试验》两本著作，基于他在科研领域的突破性贡献，奥地利皇家学院决定授予他爵位殊荣。在后来，巴拉尼又斩获了诺贝尔生理学及医学奖。

巴拉尼一生共计发表科研论文184篇，曾医治好诸多耳科绝症患者。为纪念他的卓越成就，医学界探测前庭疾患试验、检查小脑活动及与平衡障碍有关的试验，都是以他的姓氏命名的。

巴拉尼的起点如何？——家庭贫困且自幼残疾，其境况简直可以用"悲惨"来形容！然而，正是困境对于他的激励，才使其心生斗志，并最终取得了堪称伟大的成就。试想一下，假如没有贫困和残疾的刺激，他会怎样？或许会成为一个衣食无忧的平凡人；假如他在困境面前消沉退缩又会怎样？只能在贫困的深渊中越陷越深。幸运的是，他没有这样做，他在父母的帮助以及自己的努力下，用正确的生活态度和规律调整着自己的行为方向。这样，一条康庄大道出现在了他的眼前，将他引出困境、引向一条更有价值、更有意义的人生之路。

所以朋友，请改变你的心态：

请不要再抱怨自己的出身，别把它当成一种不幸。这或许更是一种历练，逆境虽然不能令每一个人成为巴拉尼，但它确实造就了很多生活中的强者，造就了很多成功人士。而我们现在所要做的，就是把"不幸"放下，努力成为他们之中的一分子。

请保持一颗乐观的心。事实上，就算你恼、你恨、你哭、你怨，既成事实也不能改变。而你唯一能改变的是你将来的命运。所以，我们需要秉持一种乐观的心态，向着自己的目标坚强地奋斗下去。不要让坏心态阻碍我们的成长，不要让坏心态阻碍我们的成功。事实上，没有什么能剥夺我们追求幸福的权利。

请保留那份斗志，我们要形成这样一种认知——在没有家庭背景、没有他人的帮扶下取得成功，这更令人欣慰。我们要激发的就是这种乐观地追求成功的形态,就把自己打造成一个顽强的石头。

请务必记住,出身不好无所谓,起点低也没什么!这无非是一种磨砺,倘若你能像巴拉尼一样,将磨砺当成激励,用努力去挑战困境,你就一定能够得到别人的认可,令别人对自己高看一眼。

抗压第二步:学会在逆境中前进

逆境是我们成长必经的过程,能勇于接受逆境的人,生命就会日渐地茁壮。我们的人生需要选择,我们的生命也需要蜕变,每每苦难来袭,面临选择和放弃,我们都要有足够的勇气,改变自己,只有这样才能获得新生,才能铸就另一个辉煌!

红尘世事本无常,每个人随时都会遇到困厄和挫折。遇见生命中突如其来的困难时,你都是怎么看待的呢?不要把自己禁锢在眼前的困苦中,眼光放远一点,当你看得见成功的未来远景时,便能走出困境,达到你梦想的目标。

相传老鹰是世界上寿命最长的鸟类,它的寿命可达70岁。但是如果想要活那么久,它就必须在40岁时作出困难却重要的抉择。

当老鹰活到40岁时,它的爪子开始老化,不能够牢牢地抓住猎物;它的喙变得又长又弯,几乎能碰到它的胸膛;它的翅膀也会变得十分沉重，因为它的羽毛长得又浓又厚，使它在飞翔的时候十分吃力。在这个时候，它是不会选择等死的，而是选择经过一个十分痛苦的过程来蜕变和更新，以便继续活下去。

这是一个漫长的过程：它需要经过 150 天的漫长锤炼，而且必须努力地飞到山顶，在悬崖的顶端筑巢，然后停留在那里不再飞翔。

首先，它要做的是用它的喙不断地击打岩石，直到旧喙完全脱落，然后经过一个漫长的过程，静静地等候新的喙长出来。之后，还要经历更为痛苦的过程：用新长出的喙把旧指甲一根一根地拔出来，当新的指甲长出来后，它们再把旧的羽毛一根一根地拔掉，等待 5 个月后长出新的羽毛。

这时候，老鹰才能重新开始飞翔，从此可以再过 30 年的岁月！

对于老鹰来说，这无疑是一段痛苦的经历，但正是因为不愿在安逸中死去，正是对 30 年新生岁月的向往，正是对脱胎换骨后得以重新翱翔于天际的憧憬，燃起了它对新生活的渴望和改变自己的决心。要想延长自己的生命，获得重生的机会，它选择了经受几个月的痛苦。我们不能不为老鹰的这种勇于改变的勇气所折服。

人生又何尝不是如此？面对癌症，是草草地结束自己的生命以避免遭受肉体和精神的折磨，还是积极地治疗，创造生命的奇迹？陷入困境，是听天由命，等待命运的宣判，还是放手一搏，冒险寻求可能的转机？工作平淡无奇，碌碌无为，是安于现状，享受现有的安逸，还是勇于改变，寻求属于自己的一片天地？

主宰自己，做自己的主人，激发你对苦难的抗拒力，这才是我们该做的！沮丧的面容、苦闷的表情、恐惧的思想和焦虑的态度是我们缺乏抗压能力的表现，是我们弱点的表现，是我们不能控制环境的表现。这些都是我们的敌人，所以一定要坚决拒绝它们！

我们应该认识到，人生总有得意和失意的时候，但一时的得意并不代表永久的得意；同样，一时的失意也绝不意味着永久的失意。在一时失意的情况下，如果我们不能把心态调整过来，就很难再有得意之时；相反，在失意甚至绝望的状态下，倘若能重新寻回希望，赶走悲伤，便又是人生中的又一大转折。

所以在我们日常的生活和学习中，倘若遇到失意或悲伤的事情，一定要学会调整自己的心态。如果你的演讲、你的考试和你的愿望没有获得成功；如果你曾经因为鲁莽而犯过错误；如果你曾经尴尬；如果你曾经失足；如果你被训斥和谩骂……那么请不要耿耿于怀。对这些事念念不忘，不但于事无补，还会占据你的快乐时光。抛弃它们吧！把它们彻底赶出你的心灵。如果你的声誉遭到了毁坏，不要以为你永远得不到清白，怀着坚定的信念勇敢地走向前吧！

我们应该这样：

首先，让担忧和焦虑、沉重和自私远离自己；更要避免与愚蠢、虚假、错误、虚荣和肤浅为伍；还要勇敢地抵制使你失败的恶习和使你堕落的念头，你会惊奇地发现，你人生之旅是多么的轻松、自由！

其次，走出阴影，沐浴在明媚的阳光中。不管过去的一切多么痛苦，多么顽固，把它们抛到九霄云外。不要让担忧、恐惧、焦虑和遗憾消耗你的精力。把我们的精力投入未来的创造中去！

另外，我们一定要保存希望。其实，人都是活在自己的希望之中，倘若真的有人无望地活着，那么只能说是一具行尸走肉。在现实生活中，很多人心理非常脆弱，一旦遭遇挫折或失败，就会感到无助与绝望，更有甚者甚至会丧失活下去的勇气。其实，只要我们能够在逆境中坚守希望，多半是会柳暗花明的。请记住，你是不是成才的料子，要看你能不能经受住大灾难、大磨难的考验。一点磨难都没经历过，便想成气候，这可能吗？一点点磨难考验你，你都过不去，还谈什么齐家、治国、平天下！这样的人，一生下来就注定无大作为。

事实上，"所有的锻炼不过是再次呈现，我们还没学会的功课"。我们要学着与痛苦共舞，这样我们才能看清造成痛苦来源的本质，明白内在真相。更重要的是，它能让我们学到该学的功课。

抗压第三步：培养"咬定青山不放松"的毅力

有这样一首诗——"咬定青山不放松，立根原在破岩中；千磨万击还坚劲，任尔东西南北风。"这是郑板桥借以形容成功人士的韧劲和毅力的，读起来朗朗上口，颇为恰当。

相信很多人都喜欢别人用"百折不挠"来形容自己的毅力，爱迪生所说的"我绝不允许自己有一点灰心丧气"，这就是"百折不挠"精神的一种表现。实际上，许多成功的取得何止"百折"！所以我们就需要有那种刚强的决心和韧性，这样才能经得起挫折，才能走向成功。正如居里夫人所言:"人要有毅力,否则将一事无成。"英国文豪狄更斯也认为:"顽强的毅力可以征服世界上任何一座高峰。"

对许多朋友来说,如果能像爱迪生那样"不允许自己有一点灰心丧气",那么也能成为成功者,照样能迈向超级成功。用我国著名排球运动员郎平的话说,就是:"要想成功,必须有超人的毅力。"

坚强的毅力要从小开始培养。倘若我们从小经受考验,注意培养自己的毅力,那么就可以期望在事业上同样能具备"绝不允许自己有一点灰心丧气"的精神。这方面具体的培养方法可以参考以下几点:

1."由易到难"

也就是说,培养和锻炼毅力,最好先从难度小的事做起,以便取得马到成功之效,借此增强决心与信心。革命先烈恽代英说过:"立志须用集义的功夫。余意集义者,即在小事中常用奋斗功夫也。……如小处不能胜过,尚望大处胜过,岂非自欺之甚乎?胜过小者,再胜过较大者,再胜过更大者。此所谓集义也。"恽代英所说的"集义",显然也是指培养和锻炼毅力的意思。

2."择难而进"

一般说来,容易做到的事,对毅力的锻炼总是有限的。所以为了更好地培养和锻炼毅力,一方面需要从小事做起,由完成难度不大的事情起步;另一方面需要逐步提高难度,挑选做一些难度大的事情。《人性的弱点》一书作者卡耐基说:"大胆地去做你所怕做的事情,并力争得到一个成功的纪录。""择难而进"得有耐心和恒心,"耐心和恒心总会得到报酬的。"(爱因斯坦语)

3. "挑战挫折"

正确对待挫折是培养和锻炼毅力的重要方面。"挑战挫折"要有对困难泰然处之的态度，把困难看作是成功路上谁都难以避免的问题。面对挫折最重要的是头脑冷静，不要因挫折而惊慌失措，更不可灰心丧气。同时要有对困难战而胜之的决心，即下决心与挫折较量一番，看看究竟谁战胜谁。一旦你在"战略"上将挫折视为"纸老虎"，在"战术"上将挫折看作"真老虎"，那你将会发现挫折或困难变得比它们当初出现时要渺小得多！

成功必须要有恒心和毅力，这听起来似乎在说多余的话。然而有许多人，恰恰没有让这些"多余的话"入耳、入脑，忽视了这类"老生常谈"，到头来一事无成。

医学史上曾有一种叫"606"的药。试验者试验这种药失败过605次，直至第606次才获得成功。试想研制这种药的人，只到几次、十几次或几十次，甚至605次便没有恒心，那非前功尽弃不可。

百折不回，锲而不舍正是"成在恒"的要求和表现。鲁迅先生早就说过："做一件事，无论大小，倘无恒心，是做不好的。"

"学贵有恒"这一说法，讲的也是恒心的重要性。当然，不光是读书，做任何事情欲成功却无恒心，恐怕难以见成效。一件事只要具备了成功的客观条件，那么其成败得失，与我们做事有无恒心及恒心大小是成正比的。有时候，事难成，可能就难在这个"恒"字上。

美国生物学家吉耶曼、沙得等人，克服了重重困难，顽强地进行下丘脑激素的研究工作。他们需要在实验中一个一个地处理27万只羊脑，才能获得1毫克"促甲状腺释放因子"的样品。由于他们持之以恒、百折不挠，终于成功地发现了脑激素，共同荣获 1977 年诺贝尔奖。后来，当有人问起："什么叫坚韧不拔？什么叫持之以恒？"吉耶曼和沙得他们回答道："那就是逐个分析 100 万只羊脑！"

忽冷忽热、时紧时松等，是有些朋友在成功征途上常犯的一种毛病。所以请你不要忘记：成在恒，贵在恒，难也在恒。所以，要尽快改掉缺乏恒心的毛病，说不定成功就在此一举！

清代画家郑板桥十分欣赏竹子那种"咬定青山不放松"的顽强意志和对自己的严格要求。抓而不紧，等于不抓。"严"，不仅是严格要求自己，而且要"咬定"不放，一抓到底。有些人追求成功时，往往存在浅尝辄止、虎头蛇尾现象。由于缺乏"严"字当头的作风，所以不会"咬定"成功目标不放。也有少数人在成功之路上刚有点进展，却又兴趣转移他处。出现此种情况还与他们急于求成有关系。古人说："夫君子之所取者远，则必有所待；所就者大，则必有所忍。"其实，从"严"字出发，就应当舍得下功夫，严格要求自己埋头苦干。而这一点又往往是许多渴望成功的朋友忽视的问题。

如今在国外普遍受到重视的"磨难教育"，常常帮助青少年在艰苦环境中去追求成功。

所谓"磨难教育"，就是有意识地在青少年中设置一些困难，故意让他们遭受一点挫折，其目的是让受教育者在与困难或挫折作斗争中经受锻炼。"磨难教育"设置困难或挫折不仅有生活和体能方面的，也有学习、工作乃至心理承受方面的。

其实，很多年轻的朋友更应该去接受这种"磨难教育"。因为刚踏入社会，我们要付出比别的年龄段更多的艰辛，也好借此去磨砺我们的意志，培养我们的勇敢、坚强、无畏的心理素质。

抗压第四步：练恒心，这是接近成功的最好途径

有句名言说得好："事业常成于坚忍，毁于急躁。"的确如此，坚忍是所有卓越人物的共性。人生路上，我们能否获得成功，往往就在于，当目标确立以后，是不是可以百折不挠地去坚持、去忍耐，直至胜利为止。

其实，生活的现实对于我们每个人本来都是一样的。但一经各人不同"心态"的诠释后，便代表了不同的意义，因而形成了不同的事实、环境和世界。心态改变，则事实就会改变；心中是什么，则世界就是什么。心里装着哀愁，眼里看到的就全是黑暗；心里装着信念、装着坚忍，你的世界亦会随之坚强起来。

刚强的性格永远是成大事者的基本特质。天下的事没有轻而易举就能获得的，必须要靠刚强的性格去征服。这是最基本的成功法则。一个人在成功之前，一定会遭遇到很多挫折，甚至遭遇某种程度的失败。在失败重重打击一个人时，最简单和最合乎逻辑的方法就是放手不干，大多数人都是这样想的，也是这样干的。

古今中外，众多的成功者并不是依赖机会或好运气，而是得力于他

们坚韧不拔的精神。一个人要想成就一番大事业，不可能一帆风顺。缺乏坚韧力是失败的主要原因之一，也是大多数人常见的共同弱点。但其实，这弱点是可以克服的。

这里有一个真实的故事：

朱威廉出生在美国南加州，父母都是上海人，经营着一家中餐厅，在经过最初的艰苦之后，生活变得越来越富足。大学之时，朱威廉攻读的是法律，出于对警匪片的喜爱，他从小就立志要当一名警察。终于，在大学末期，他前往洛杉矶当了一年的警察。不过，父母觉得这一职业太过危险，非常担心他的安全，所以更希望他能够回家继承家业。

然而，朱威廉并不喜欢经营餐馆，他觉得这种工作太过枯燥，与自己向往的生活相去甚远。而且作为一个男人，在自己家中做事，完全没有自我价值的体现，没有独立的感觉。所以，虽然为不使父母担心而放弃了警察职业，但朱威廉始终没有同意经营餐馆。

当时，中国正处于高速发展时期，许多外商都选择在中国投资。于是，1994年，朱威廉带着3万美金来到上海。他想得很天真，以为来了就可以成就一番大事业。可到了上海他才发现，自己的想法竟是如此幼稚——别人投资动辄几十万甚至几百万美金，而自己只有区区3万。而且，他一到上海就住在了高级宾馆中，每晚至少要花费200美金。半年之内，朱威廉连续搬家，从五星到四星、三星、两星、一星、没星，最后落魄到租住一间二十多平方米的旧民房，连空调都没有安装。这时候，他的口袋里只剩下了几千块美金。

到了山穷水尽的时候，他也打过退堂鼓，觉得在中国做事业太难，人多，竞争也大。有一次，他都到了机场，甚至连行李业已办完托运。

可坐在机场休息大厅里一想："就这么回去，多没面子啊！"以前来自家餐厅吃饭的多是中国人，很多人都会大叫："我要回中国做生意去了。"但过了三四个月，再回来以后，就什么都不说了，在朱威廉看来，这些人就像是夹着尾巴逃回来一样，往往成为大家的笑柄。如果就这样回去，那岂不是和他们一样了吗？这会被朋友笑死的！

于是，在飞机起飞前，朱威廉又决定重整旗鼓，从头开始，背水一战！

创业之初，他只有一个 15 平方米的办公室，一台从美国运来的苹果计算机，后来招聘了两名员工，有了一点小小的知名度。那时，朱威廉还亲自跑业务，并且一连做成了几笔小生意，有了成绩，他又在大学里招了几名员工。可是好景不长，他的业务经理挖了自家墙脚，将大部分员工带走另起炉灶。朱威廉的账户里就只剩下两三百元人民币了。这件事给了他很大刺激，同时也给予了他极强的动力，他越发努力起来。几年以后，他获得了"沪上直邮广告大王"的美誉，他的总公司设在上海，员工人数达 90 余名，此外，在北京、重庆，朱威廉又都设立了分公司。1997 年，他的公司成功加盟世界上最大的广告集团。

刚到上海时，朱威廉觉得中国的人文环境与美国文化背景差异很大，总是和人沟通不到一起去，他几乎没有朋友。一个人很孤独。于是，朱威廉经常在网上写些东西，开始的时候，只是放到其他网站上，后来就想拥有一个属于自己的、比较安静的"地盘"，可以让大家都来真诚地写点东西，互相交流一下。在这种想法的驱使下，朱威廉开设了"榕树下"网站，他先把自己写的东西放上去，后来，"路过此地"的人也开始投稿。这些文章一开始都是先投到他的信箱中，由他编辑好后再放到网站上，这样就可以控制稿件的质量。开始时，每天只有一篇、两篇，后来越投越多，多到每天接近上百篇。这样一来，朱威廉一下班就得回家进行更新，根本没有时间处理其他事情。有一次他去伦敦开会，在那里更新网站，结果花了一千多英镑。

长此以往不是办法，他决定成立一个编辑部。1999年1月，"榕树下"编辑部正式成立，设有十几位编辑，原来都是"榕树下"的作者。当时他做梦也没想到，"榕树下"后来会成为影响网络文学发展的一个重要网站。朱威廉以自己广告公司的盈利来养着"榕树下"，仅在最初的半年，开支就超过了百万元，但他并没有后悔，因为"榕树下"的点击率、访问人数在成倍增长，越来越多的人喜欢上了"榕树下"。

作家王安忆曾说道——"榕树下"是"前人栽树，后人乘凉"，这让朱威廉非常感动，或许这正是对他坚持理想的一个最大赞誉。

开弓没有回头箭，箭镞一旦射出，必然是有去无回。人生同样如此，迈出脚步以后，若发现路上设有障碍，不妨绕过去或是另辟蹊径，但绝对不能后退到原点，这是我们做人必须奉行的一种坚持！

所以，别让外在力量影响你的行动，虽然你必须对压力做出反应，但你同样必须每天以既定方针为基础向前迈进。用你对成功的想象来滋养你的强烈的欲望，让你的欲望热情燃烧，最好能烧到你的屁股，随时提醒你不可在应该起来而行动时，仍然坐待机会。

《王竹语读书笔记》中写道："忍耐痛苦比寻死更需要勇气。在绝望中多坚持一下下，终必带来喜悦。上帝不会给你不能承受的痛苦，所有的苦都可以忍。"是的，一个人只要具备了坚忍的品质，便可以苦中取乐，若懂得苦中取乐，则必然会苦尽甘来。

那么，我们该如何训练自己的坚忍精神呢？大家可以这样做：

1. 确立坚定的目标。我们要知道自己想要的究竟是什么，一定要弄清弄明，这是第一步，而且也是培养坚忍精神最重要的一步。清晰、明确的目标是所有行动的动机，强烈的动机可以驱使我们去超越，从而迈过那些看似深不可测的沟壑。

2. 要让自己充满渴望。心中充满强烈的渴望，对实现目标拥有不可改变的期盼，这样是比较容易形成恒心和毅力的，也更容易让我们将其坚持到底。

3. 自我激励。告诉自己：我有能力完成计划，有能力达成目标，不断通过这种自我暗示鼓舞自己，这样你便不会轻易放弃。

4. 对目标形成正确的认知。要确认自己的目标、计划是现实的，是以经验或观察为依据的，这样我们才更有信心坚持下去。倘若你的梦想只是白日做梦、凭空想象，那么恐怕你是很难实现的。

5. 寻求与他人的合作。万众一心，其利断金！与他人和谐互助，相互鼓舞，相互扶持，会增加我们的恒心和毅力，同时也更容易使我们的目标成为现实。

6. 集中心思。不要三心二意，一会儿觉得这个目标好，一会儿觉得那个事情棒，人只有把眼睛集中到一个点上，才能少走弯路，才能坚持在一条路上走下去，直到成功。

7. 养成良好的习惯。坚忍精神是好习惯的直接产物。倘若我们能够吸纳滋长心智的日常经验，并将其化为自身的一分子，那么我们就会在潜移默化中强迫自己采取正确的行动，并以此来对抗我们人生的最大敌人——恐惧。

倘若你能亲身去实践这些步骤，那么无疑是对你大有裨益的。可以说：

这些步骤，就是控制我们经济命运的步骤；

这些步骤，就是将我们的思想引向独立的步骤；

这些步骤，就是保证我们人生有所突破的步骤；

这些步骤，就是将我们心中梦想化为有血有肉的现实的步骤；

这些步骤，就是帮助我们建立坚韧精神，卸去恐惧，主宰挫折和冷漠的步骤。

你掌握了它们，则必然可以得到不一般的回馈；你能真正做到这些，无疑就等于给自己的人生备下了一份大礼。

最后提醒大家，不要忘记老祖宗的那句话："宝剑锋从磨砺出，梅花香自苦寒来。"我们必须认识到，宏图大业不是异想天开、一蹴而就的，不经一番风霜苦，就没有梅香扑鼻来。成大功、立大业者，都得经过艰苦卓绝的奋斗、不同寻常的忍耐，几乎可以这样说，任何人所能取得的成就，基本上都是在坚忍中一点一滴积累起来的。细节上渐渐积累，战略上目光长远，进取心百折不挠，方可替自己事业的成功奠下厚实的基石。

这做人的道理，就好比堆土为山，只要坚忍下去，总归有成功的一天。否则，眼看还差一筐土就堆成了，可是到了这时，你却歇了下来，一退而不可收拾，也就会功亏一篑，没有任何成果。所以说，只有勤奋上进，不畏艰辛一往无前，才是向成功接近的最好途径。

抗压第五步：拒绝依赖，要有自救精神

有这样一句话说得好：苦难究竟是人生的财富还是屈辱？若你战胜苦难，它便是你的财富；若苦难战胜了你，它便是你的屈辱！

在那些修行之人看来，那些叫苦的人并没有真觉悟，只是对"苦"有了初步的感受，但"苦"的程度还不够，若是真正吃够苦的人，不会浪费时间叫苦，而会在反思过程中将所有精力用在化解苦上。从生命的低谷重新上升，这叫"转迷成悟"。用在我们平凡的生活中，可以解释为：在哪里跌倒，就在哪里爬起来。

跌倒了，只要能够爬起来，就不会失败，坚持下去，才会成功。所以，我们不要因为命运的怪诞而俯首听命于它，任凭它的摆布。等年老的时候，回首往事，就会发觉，命运只有一半在上天的手里，而另一半则由自己掌握，一个人一生的全部就在于：运用手里所拥有的去获取上天所掌握的。人的努力越超常，手里掌握的那一半就越庞大，获得的就越丰硕。

如果一个人把眼光拘泥于挫折的痛感之上，他就很难再有心思想自己下一步如何努力，最后如何成功。一个拳击运动员说："当你的左眼被打伤时，右眼就得睁得更大，这样才能够看清敌人，也才能够有机会还手。如果右眼同时闭上，那么不但右眼也要挨拳，恐怕命都难保！"拳击就是这样，即使面对对手无比强劲的攻击，你还是得睁大眼睛面对受伤的感觉，如果不是这样的话一定会败得更惨。其实人生又何尝不是如此呢？

做人，一定要有点自强的精神，不要一遇到困难便萎靡不振，更不要把所有希望寄托在别人身上，我们必须认识到，这个世界上没有谁是我们永久的靠山，一心指望他人，那就只会靠山山倒，靠人人跑。而我们要做的，就是让自己刚强起来，凭借自己的力量从跌倒的地方再爬起来。

我们来看看下面这个故事，或许会对我们有一些启发：

一名中国学生以优异的成绩考入美国一所著名学府。初来乍到，人地生疏，思乡心切，饮食又不习惯，他不久便病倒了。为了治病，留学生花了不少钱，他的生活渐渐地陷入了窘境。

病好以后，他来到当地一家中国餐馆打工，每个小时会有8美元的收入，但仅仅干了两天，他就嫌累辞了工。一个学期下来，身上的钱已然所剩无几，于是趁着放假，他便退学回了家。

在他走出机场时，远远便看见前来迎机的父亲。他兴奋地迎着父亲跑去，父亲则张开双臂准备拥抱久违的儿子。可就在父子相拥的一刹那，父亲突然退后一步，他扑了个空，重重摔倒在地上。他不解，难道父亲为自己退学的事动了大怒？下一秒，父亲将他拉起，语重心长地说道："孩子你记住，这个世界上没有任何一个人会做你的永久靠山。你要想生存，想在惨烈的竞争中胜出，就只能靠你自己！"随后，父亲递给他一张返程机票。

他万里迢迢回到家乡，却连家门都没入便返回了学校。从此，他发愤学习，竭力适应环境。一年以后，他斩获了院里的最高奖学金，并在一家具有国际影响力的刊物上发表了数篇论文。

是的，这世界上没有谁是你真正的靠山，你正真可以依靠的只能是你自己，只有你自己才是你能依靠的人。

人生就像在爬山，一路上总是坎坷不断，跌倒了便爬起来，这样才能登上山顶。跌倒了就趴着，这是懦夫。如果你放弃了站起来的机会，就那样萎靡地坐在地上，不会有人去搀扶你。相反，你只会招来别人的鄙夷和唾弃。要知道，如果你愿意趴着，别人是扶不起你的，即便是拉起来，你早晚还会趴下去。

　　人不怕跌倒，就怕一跌不起，这也是成功者与失败者的区别所在。在这个世界上，最不值得同情的人就是被失败打垮的人，一个否定自己的人又有什么资格要求别人去肯定？自我放弃的人是这个世界上最可怜的人，因为他们的内心一直被自轻自贱的毒蛇噬咬，不仅丢失了心灵的新鲜血液，而且丧失了拼搏的勇气，更可悲的是，他们的心中已经被注入了厌世和绝望的毒液，乃至原本健康的心灵逐渐枯萎……

　　那么要怎样阻止这种状况的发生呢？

　　首先，不要轻言放弃。

　　在人生崎岖的道路上，放弃这个念头随时都会悄然出现，尤其是当我们迷惑、劳累困乏时，更要加倍地警惕。偶尔短时间地滑入低落状态是很正常的现象，但长期处于低落之中就会酿成人生的灾难了。所以无论做什么事，我们都不要轻言放弃。

　　其次，不要轻易下结论否定自己，不要怯于接受挑战。大家要记得，只要开始行动，就不会太晚；只要去做，就总有成功的可能。世上能打败我们的只有我们自己，成功之门一直虚掩着，除非你认为自己不能成功，它才会关闭，而只要你自己觉得可能，那么一切就皆有可能。

　　换言之，要想堂堂正正地活着，我们就一定要自强不息，有了自强精神才能产生勇气、力量和毅力。具备了这些，困难才有可能被战胜，目标才可能达到，胜利才可能拥有。但是，我们不要自负，更不要痴妄，我们把这份信心建筑在崇高和自强不息的基础之上才有意义。心中有了自强不息的信念，我们的成功才有动力。

抗压第六步：留住心中的"自我"

做人应该有这样一种气魄——"走自己的路，让别人去说吧！"要想自己的人生足以用"成功"两个字来形容，我们就必须堂堂正正傲然于天地间，不能让任何人阻挠我们前进的步伐。

我们知道，生活中并没有两旁摆满玫瑰花、大门上写着"成功"的通道，生活是一种起伏不定的挣扎与奋斗。很多人都是经过艰苦奋斗，最后才得以获得成功的。难能可贵的是，在奋斗过程中，他们都能一直秉持自己的意愿，坚持走自己的路。

在你心中，也许有些力量正在你内心深处冬眠，等着你在适当的机会发掘及培养。通过这种培养，你可以让自己走到更远的地方。因此，我们应该这样：

1. 努力培养自己的特点

在这个世界上，没有两个人是完全相同的。如果你想发展自己的特点，只有靠自己。在这个世界里，"复印本"的人多了，你应该去做自己的"正本"。这并不表示你一定要标新立异，并不是说你一定要留胡子，或站到肥皂盒木箱上发表演讲。

人们很喜欢艾森豪威尔将军的原因之一在于，他是个很单纯的人，绝不矫揉造作。虽然他是世界著名的军事将领，却比普通人更谦虚。他的陆军部属马帝·史耐德在《我的朋友艾克》一书中，提到第二次世界大战结束之后，艾森豪威尔将军去他所开设的餐厅拜访时的情形："艾森豪威尔将军从欧洲回国之后，来到餐馆用餐。我们一起进餐，我告诉他我很希望看到他成为美国总统，并且已经向很多人谈到这件事。他听了之后哈哈大笑。他说：'听我说，马帝，我是军人，我只想安安分分当一名军人。'我说：'将军，我从来没想过要当一名军人，但他们却征召我去当兵。我想到时候，他们也会征召你去竞选总统。'艾克回答说：'我深信不会有这种事。'"

正是艾森豪威尔的纯真和谦虚，使得他一生都备受人们爱戴。

2. 不要人云亦云

在某些地方，我们必须遵守团体规则。如果我们想被这个文明社会当作有用的一分子，就必须这样。但是，在其他地方却可以自由表现我们的特点，从而显得与众不同。现代生活，很容易犯的一项重大错误就是：开始就估计得过高或行动过度。有许多人之所以购买最新型的汽车，是因为他的邻居买了这样一部新车；或是为了相同的原因而搬入某种形式的新屋居住。这种现象极为普遍。

这里我们要说的是，如果你也急着向别人看齐，那你将无法获得快

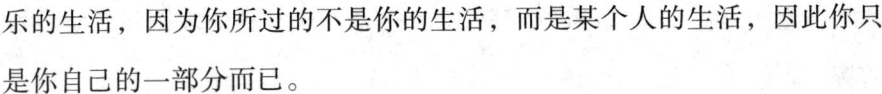

乐的生活，因为你所过的不是你的生活，而是某个人的生活，因此你只是你自己的一部分而已。

3.训练使你与众不同的方法

当你在一次社交场合发表某种意见，别人却哈哈大笑时，你是否会立刻沉默不语，退缩起来？如果真是这样，那你要把下面所说的这些话当作一顿美餐好好吸收消化，因为它们将赐给你一种神奇的力量，使你在芸芸众生中保持自己的特点。

（1）承认你有"与众不同"的权利

我们都有这种权利，但许多人却不懂得运用。不要盲从，当你的意见与大部分人不同时，可能有人会批评你，但是一个思想成熟的人是不会因为别人皱眉就感到不安的，也不会为了争取别人的赞许而出卖自己。

（2）支持你自己

你必须成为自己最要好的朋友。你不能老是依赖他人，即使他是个大好人，他也必定首先照顾自己的利益，而且他内心也一定有些问题困扰他。只有你充分支持自己，并加强你的信心，才能使你在人群中保持独特的风格。

（3）不要害怕恶人

几乎所有的人都能够正正当当地做事——只要你给他们公平的机会。然而还是有些所谓的"恶人"，有时会用一些不正当的手段争名夺利。这些人利用别人的自卑感，以漂亮的空话治理人群，或恫吓竞争者。你要学习应付讥笑与怒骂，坚守自己的权益，大大方方地表达自己的信仰与感觉。记住，恶人的内心深处其实也很空虚，他的攻击只是防卫性的掩护而已。

（4）想象你的成就

有时你会觉得心情不好，或者跟某些人相处不来，觉得自己是个失败者。不要沮丧，这种情形任何人都有可能遇到。只要你想象出更快乐的时刻，使你感到更自由、更活泼，那就能够恢复信心。如果你的脑海中无法立即浮现这些情景，请你继续努力，因为它是值得你继续努力的。

没有自我的生活是苦不堪言的，没有自我的人生是索然无味的，丧失自我更是悲哀的。要想拥有美好的生活，自己必须自强自立，拥有良好的生存能力。没有生存能力又缺乏自信的人，肯定没有自我。一个人若是失去了自我，就没有了做人的尊严，更不能获得别人的尊重。

人活着就是为了实现自己的价值，按照自己的意愿去活，不去迎合别人的意见。每个人都应该坚持走为自己开辟的道路，不为流言所吓倒，不受他人的观点所牵制。让人人都对自己满意，这是个不切实际、应当放弃的期望。

我们无法改变别人的看法，能改变的仅是我们自己。每个人都有每个人的想法、看法，不可能强求统一。讨好每个人是愚蠢的，也是没有必要的。我们与其把精力花在一味地去献媚别人、每时每刻地去顺从别人，还不如把主要精力放在踏踏实实做人、兢兢业业做事、刻苦学习上。改变别人不容易，按自己的意愿生活却不难。

抗压第七步：要敢于向高难度挑战

在通往成功的路上，一个困难就是一次挑战。如果你不是被吓倒，而是奋力一搏，也许对手都能成为你成功的阶梯，也许你会因此而创造超越自我的奇迹。

面对生活带来的苦难，屈服于命运，自卑于命运，并企图以此博取别人的同情，这样的人永远只能躺在自己的不幸上哀鸣。其实，靠自己的勇敢和坚强一样可以消除困难的阴影，赢得尊重。

毫无疑问，每个人都不可避免地在人生道路上艰难地跋涉着，有失败，也有成功。想战胜失败，首先就不能被失败所吓倒。

一个人如果不敢向高难度的生活挑战，就是对自己潜能的画地为牢。这样只能使自己无限的潜能得不到发挥，白白浪费掉。这时，不管你有多高的才华，工作上也很难有所突破，职场上遭遇挫折更不是什么新鲜事。不得志之余，你万分羡慕那些有卓越表现的同事，羡慕他们深得老板器重，说他们运气好。殊不知，每个人的成功都不是偶然的。这就好比禾苗的茁壮成长必须有种子的发芽一样，成功者之所以成功，之所以能得到老板的青睐，很大程度上取决于他们勇于挑战困难的努力。尤其是在竞争激烈的职场中，正是秉持这种精神，他们磨砺生存的利器，不断力争上游，脱颖而出。对老板而言，这类员工是他们永远不变的最佳选择。正如一位老板所说："我们所急需的人才，是有奋斗进取精神、勇于向困难挑战的人。"

其实人的一生，不顺时、常有之，正所谓"天有不测风云"，旦夕祸福孰能预料？碰上了其实很正常。问题的关键在于，真的碰上了我们该怎样去面对？很多人每遇此境，常喟叹造物弄人、命运不济，甚至舍不得"浪费力气"争取一下，便草草放弃。如此，再一次遭遇，再一次放弃，一而再、再而三，到最后又能留下什么？那么，为什么我们不能在浮云蔽日之时，暂蓄力量，将不顺之事当作成功的垫脚石，待有朝一日厚积薄发，重新站到阳光之下呢？须知，风雨过后常现彩虹，浮云焉可常蔽日，黄沙吹尽始得金。

黄宏生——这是一个荣登福布斯富豪排行榜的传奇人物。当年，他随着上山下乡的大潮来到海南黎母山区，在这里做了一名知青，黎母山区是黎族和苗族聚居之地，丛林密布，气候潮湿，生活环境十分恶劣。

但是，黄宏生始终没有失去斗志，他一直坚持学习，在那种艰苦的条件下，他尽可能找书来读。《钢铁是怎样炼成的》《青春之歌》成为他那时最好的精神食粮。恢复高考以后，黄宏生以优异的成绩考入华南理工大学。

毕业以后，黄宏生进入华南电子进出口公司工作。3年后，28岁的黄宏生被破格提拔为常务副总经理，副厅级待遇，人生和事业都进入春风得意的阶段。但他并不满足，他还有梦想没有实现，于是，他决定放弃现在的一切，去香港打天下。

于是，在同事的惊讶与叹息声中，黄宏生辞掉了令人羡慕的职位，只身"下海"。

在香港，黄宏生创办了自己的第一个企业——"创维"，那时还只是个名不见经传的小公司，由于不熟悉香港环境，贸易环节又太多，进了货卖不出去，因此入不敷出。眼看着自己的努力付诸东流，黄宏生大病一场。

第一次打击刚过，第二个打击又接踵而至。重新振作起来的黄宏生积累了一点资金，办起一家遥控器厂。此时，恰逢香港流行丽音广播，黄宏生认为"有机可乘"，便与菲利浦公司工程师合作开发丽音解码器，做成机顶盒接收丽音信号。当时，他的野心很大，首次就做了2万台，只等一战惊四野。没想到，最后震惊的竟是自己，丽音广播毫无预兆地说停就停，那2万台解码器一下子全砸在了手里，黄宏生又一次尝到了失败的滋味。

正所谓"漏屋更遭连夜雨，破船又遇打头风"，还未等黄宏生喘过气来，第三次打击毫不客气地迎面而来。黄宏生学的是无线电工程，他看到当时东欧彩电供不应求，前景一片大好，便从银行贷款500万港元，聘请40余名国内知名厂家工程人员开发彩电产品。经过一年多的努力，产品是开发出来了，但由于技术落后，与世界先进水平相去甚远，且不符合国际规格，结果参加国际展览无人问津，又亏损了近500万港元。至此，黄宏生已债台高筑，陷入绝境。

当黄宏生山穷水尽之时，他的老领导到香港去看他，那时的他已经瘦得皮包骨头了。老领导表示，还是欢迎他回原单位工作的，还劝他"苦海无涯，回头是岸"。

但黄宏生并没有当逃兵，他选择忍耐、坚持、等待。他反省自己失败的缘由，默默积累，只等有朝一日东山再起。

在忍耐与等待中，黄宏生终于抓住了机会。那一年，香港爆发了一场收购大战，香港迅科集团由于高层内讧，决定将公司拍卖，从而引来各路富商大竞标，而迅科集团一批彩电专家则受到排斥。黄宏生根本不具备实力参与收购战,但他却成了这场大战中真正的赢家。事实上,他"收购"的是无形资产——是那些迅科彩电开发部的技术骨干,他出让公司15%的股份将他们纳入旗下,使企业获得了强有力的技术支持。9个月后,创维开发出国际领先的第三代彩电,在德国的电子展上获得了第一笔2万台的大订单,创维靠技术征服了欧洲市场,从绝境中走了出来。

若不是能够隐忍,能够坚持,能够将暂时地失意抛在一旁,静待时机东山再起,黄宏生的人生又怎能如此光芒四射?事实上,天空阴霾没关系,羁绊太多也没关系,只要你沉得住气,那么你的等待和积累必然会有所回报。因为你在等待与积累的过程中,已经将自己锻造成了一块闪闪发光的金子。

要想拥有这种韧性,我们就要耐得住寂寞,耐得住贫寒,耐得住讥讽,耐得住折磨,这样才能守得云开,才能摘取最后的胜利果实。

同时,我们在面对生活的挑战时,不管是先天的缺陷还是后天的困难,都不要自己怜惜自己,要敢于应战,要咬紧牙关挺住,然后像狮子一样勇猛反扑。我们要牢记,在自己心里一定不要有"不可能"三个字。任何的失败,都是生活的挑战,失败并不可怕,它应当成为一种促使自己向上的激励机制,它也是我们生活的一种表征,是我们勇敢的转化。

其实,并不是苦难成就了天才,也不是天才特别热爱苦难。苦难在我们的生活中,任何人都会碰到,只是有的人退缩了,有的人却勇敢地面对。退缩的人就此沉没,克服的人,成了生活的强者。

第五辑
CHAPTER 5

调动机遇意识，抓住成功的手臂

机遇意识，是一种体现预见性、把握规律性、富有创造性的战略思维。它可以帮助我们站在战略全局的高度对工作、事业的发展，进行规律性、系统性、前瞻性的思考，令我们在面对问题时可以"想大事、谋全局"，从而在行动中占得发展先机，赢得主动。一个成功的人生少不了机遇意识，这就需要我们经常给予潜意识把握机遇的暗示，让自己在反复的行动中学会掌握先机。

投机第一步：不要畏缩，否则将丢失机遇

作家乔叟曾经说过："每个人都有一个好运降临的时候，不能领受；但他若不及时注意，或竟顽强地抛开机遇，那就并非机缘或命运在捉弄他，这归咎于他自己的疏懒和荒唐；我想这样的人只好抱怨自己。"是的，机遇对于每个人而言都是平等的，关键在于，当机遇来临时，你所采取的是何种态度。

我们来看看下面这个故事，相信会对大家有所启示：

有一个人，在某天晚上碰到了上帝。上帝告诉他，有大事要发生在他身上了，他有机会得到很多的财富，他将成为一个了不起的大人物，并在社会上获得卓越的地位，而且会娶到一个漂亮的妻子。

这个人终其一生都在等待这个承诺的实现，可是到头来什么事也没发生。

这个人穷困潦倒地度过了他的一生，最后孤独地死去。

当他上了天堂，他又看到了上帝，他很气愤地对上帝说："你说过要给我财富、很高的社会地位和漂亮的妻子的，可我等了一辈子，却什

么也没有,你在故意欺骗我!"

上帝回答他:"我没说过那种话,我只承诺过要给你机会得到财富、一个受人尊重的社会地位和一个漂亮的妻子,可是你却让这些机会从你身边溜走了。"

这个人迷惑了,他说:"我不明白你的意思?"

上帝回答道:"你是否记得,你曾经有一次想到了一个很好的点子,可是你没有行动,因为你怕失败而不敢去尝试?"

这个人点点头。

上帝继续说:"因为你没有去行动,这个点子几年后给了另外一个人,那个人勇敢地去做了,你可能记得那个人,他就是后来变成全国最有钱的那个人。还有,一次城里发生了大地震,城里大半的房子都毁了,好几千人被困在倒塌的房子里,你有机会去帮忙拯救那些存活的人,可是你害怕小偷会趁你不在家的时候,到你家里去打劫、偷东西?"

这个人不好意思地点点头。

上帝说:"那是你去拯救几千个人的好机会,而那个机会可以使你在全国得到莫大的尊敬和荣耀啊!"

上帝继续说:"有一次你遇到一个金发蓝眼的漂亮女子,当时你就被她强烈地吸引了,你从来不曾这么喜欢过一个女人,之后也没有再碰到过像她这么好的女人了。可是你想她不可能会喜欢你,更不可能会答应跟你结婚,因为害怕被拒绝,你眼睁睁地看着她从你身旁溜走了。"

这个人又点点头,可是这次他流下了眼泪。

上帝最后说:"我的朋友啊!就是她!她本来应是你的妻子,你们会有好几个漂亮的小孩;而且跟她在一起,你的人生将会有许许多多的乐趣。"

这个人无言以对,懊恼不已。

我们身边每天都会围绕着很多的机会,包括爱的机会。可是我们经常像故事里的那个人一样,总是因为害怕而停止了脚步,结果机会就这样偷偷地溜走了。只有及时抓住机会的人,才能取得人生的成功;而在有准备的人眼中,抓住机会努力改变自己,更多的机会就会出现于眼中。

机会只给有准备的人,而我们往往因为害怕失败而不敢尝试,因为害怕被拒绝而不敢跟他人接触,因为害怕被嘲笑而不敢跟他人沟通情感,因为害怕失落的痛苦而不敢对别人付出承诺。

能否把握机会,是决定人生能否成功、是否如意的关键;用一种积极进取的态度对待生活,我们的人生就会得到提升。机会不等人,千万不要让它从你指缝中溜走,否则你就会一事无成。

投机第二步:培养信息意识,别对好机会视而不见

21世纪,是一个信息高度发达的时代,许多机遇就存在于信息之中,而"信息"俨然也成了各种书籍与媒体使用频率最高的词汇之一,"信息化浪潮"、"信息经济"、"信息技术"等词语不断闪现在我们眼前。在人们的交往过程中,拥有信息的多少已然成为机会和财富的象征,掌

握信息的人往往显得更有能力，易成为人们瞩目的焦点。因为有了信息的积累，思路就会随之拓宽，就有可能掌握到更多的知识。

"信息爆炸"给人们带来了无穷的机会，可以说在当今社会中，谁获取的信息最多，谁就是这个社会的成功者。因为每一条信息会为我们开启一扇机会之门，使我们通向成功。

我们来看看下面这个故事，应该会对大家有一定的启发：

哈默在16岁时，已决定不再从家里要钱，自己开始挣钱了。一天他在大街上散步，看中一辆标价185美元的双人敞篷汽车，而这笔钱对他不是个小数目。突然他想起两天前曾在一幅广告中看到一家工厂找人送圣诞糖果的启事，现在买下这辆车，不正好去应聘那份工作吗？想到这里，他马上找到哥哥借了钱，买下了这辆车，并立即与那家工厂联系，接手了那份工作，为一位富商送圣诞糖果。两周后，他还清了哥哥的钱，自己也有了些小钱。第一次生意给他很多启示，他认识到，只要留心生活中的每一个小的现象，并利用好这种很小的信息，再加上努力工作，就能获得大多数自己想要的东西。

哈默在大学学习期间，父亲让他帮忙管理一个濒于破产的制药厂，同时父亲要求他不要放弃学业，将经商与学习结合起来。他接受了这个充满挑战的机会。18岁的他贷款买下了药厂合伙人的全部股份，掌握了药厂的实权，同时，大胆改革药厂的经营方针。经过一番苦心经营，在大学毕业前，他已是拥有百万美元的大学生富翁了。

也许有人认为，我们远不如那些商业巨子聪明，对信息也不如他们敏感，面对信息社会甚至有些无所适从。其实，这都是次要因素，每个人的智商都差不多，事在人为，只要方法得当，我们就不会再感到茫然，我们也能拥有敏锐的眼光，在沙子中找到金子。我们生活在这样一个信息社会，应该学会培养自己接收信息和处理信息的能力，为自己铺设多条成功的道路。

在充满信息的社会中，对信息的收集与整理是一个学习过程。当我们的知识积累到一定程度之后，我们就会具有不同寻常的理解力和智慧，就可以透过现象抓住本质。信息也就是平时积累的材料，通过我们不断地积累，再与生活两相对照，我们就会发现哪些材料是有价值的，哪些是毫无用处的，这样信息就成了我们的有用资源。所以，收集信息，是很关键的一步。

当信息储存到一定程度的时候，我们要注意它们的相关性，也许单个的信息没什么用处，一结合起来，就有了很高的价值。这就要对收集来的信息进行分析，这不但是一个理清思路的过程，有时甚至可以发现信息外的一些信息，使我们获得意想不到的有价值的信息。

其实学习就是在智力上的自我准备，不论上中等的职业学校课程，还是理论或应用科学的普通课程，都会是开启我们智慧之门的钥匙。在具备了基本的知识之后，进一步以经验为指导，信息所发挥的功能就会是巨大的。所以学习也就是把知识作为一种长久的信息储存起来。

比尔·盖茨在投身软件业时，运用自己编写软件、操作系统、语言、应用程序等方面的丰富知识，再加上所获得的个人软件行业在市场中仍然很薄弱的信息，于是取得了成功。

如果我们主观上缺乏准备，头脑中完全没有捕捉信息这根弦，那么就是有用的信息送到你的面前，也会白白地溜掉。我们常见到这样的情形：有些人天天看报纸、听广播、看电视，但是他们从未发现任何有价值的信息。他们对信息毫不敏感的原因,在于缺少捕捉信息的意识和紧迫感,通常也懒于去整理自己每天所看到的信息。所以,我们必须树立常抓不懈,多方收集信息的意识,使自己成为捕捉信息和机遇的有心人。

但信息本身千姿百态,有的属于虚假的表象,能阻挡一般人的视野;有的属于无关紧要的细枝末节,容易被一般人所忽视,我们应该保持清醒的头脑、学会辨真识伪,让信息为己所用,才能有助于我们拓宽思路。

有话说得好,"细节决定命运",机遇往往就存在于某个细微的信息之中,但它不会主动投怀送抱。所以,当你失去机遇时,不要埋怨,因为它一直就在那里,公平而又客观。只是你未能发现而已。

投机第三步:要有自我推销意识,把握职场机遇

在自然界,狼恐怕是世界上最善于利用环境捕食的动物,它们捕猎时,夜色、天气、地势等都可以为其所用,一支配合作战的狼群,简直就是一支训练有素的军队。所以它们所向披靡,总是能够尽可能地抓住机遇。

人的智慧要高于狼,这一点毋庸置疑,但人的执着却似乎要逊色很

多,所以,很多人总是得不到机遇,于是他们总是抱怨命运女神厚此薄彼,将人生中的不顺、事业上的失败,归结于机遇冷待自己。事实上,机遇对所有人都一视同仁,一如阳光普照大地,而能否最大限度地利用这份光和热,则完全取决于你自己。

在这个年代,像我们一样为谋生而四处寻找机遇的人到处都是,但并不是每个人都能做出一番成就。有些人之所以成功了,最重要的原因在于他们不仅肯干,而且还绝不蛮干。他们完全是凭借着自己的勤奋与智慧,抓住了那些对自己人生起决定性作用的机遇。

有这样一个故事,或许会给我们一些启迪:

有一年,松下公司要招聘一名高级女职员,一时应聘者如云。经过一番激烈的比拼,山川秀子、原亚纪子、宫崎慧子3人脱颖而出,成为进入最后阶段的候选人。3个人都是名牌大学的高才生,又是各有千秋的美女,条件不相上下,竞争到了白热化状态。她们都在小心翼翼地做着准备,力争使自己成为"笑到最后"的胜利者。

这天早上8点,3人准时来到公司人事部。人事部部长给她们每人发了一套白色制服和一个精致的黑色公文包,说:"3位小姐,请你们换上公司的制服,带上公文包,到总经理室参加面试。这是你们最后一轮考试,考试的结果将直接决定你们的去留。"3位美女脱下精心搭配的外衣,穿上那套白色的制服。人事部部长又说:"我要提醒你们的是,第一,总经理是个非常注重仪表的先生,而你们所穿的制服上都有一小块黑色的污点。毫无疑问,当你们出现在总经理面前时,必须是一个着装整洁的人,怎样对付那个小污点,就是你们的考题;第二,总经理接见你们的时间是8点15分,也就是说,10分钟以后,你们必须准时赶到总经理室，总经理是不会聘用一个不守时的职员的。好了，考试开始了。"

  3个人立即行动起来。

  山川秀子用手反复去揩那块污点，反而把污点越弄越大，白色制服最终被弄得惨不忍睹。山川秀子紧张起来，红着脸央求人事部部长能否给她再换一套制服，没想到，人事部部长抱歉地说："绝对不可以，而且，我认为，你没有必要到总经理室去面试了。"山川秀子一下子愣住了，当她知道自己已经被取消了竞争资格后，眼泪汪汪地离开了人事部。

  与此同时，原亚纪子已经飞奔到洗手间，她拧开水龙头，撩起自来水开始清洗那块污点。很快，污点没有了，可麻烦也来了，制服的前襟处被浸湿了一大片，紧紧贴在身上。于是，原亚纪子快步移到烘干器前，打开烘干器，对着那块浸湿处烘烤着。烤了一会儿，她突然想起约定的时间，抬起手腕看表：坏了，马上就到约定时间了。于是，原亚纪子顾不得把衣服彻底烘干，赶紧往总经理室跑。

  赶到总经理室门前，原亚纪子一看表，8点15分，还没迟到。更让她感到庆幸的是，白色制服上的湿润处已经不再那么明显了，要不是仔细分辨，根本看不出曾经洗过。何况堂堂大公司总经理，怎么会死盯着一个女孩的衣服看呢？

  原亚纪子正准备敲门进屋，门却开了，宫崎慧子大步走出来。原亚纪子看见，宫崎慧子的白色制服上，那块污迹仍然醒目地躺在那里。原亚纪子的心里踏实了，她自信地走进办公室，得体地道声："总经理好。"总经理坐在大班桌后面，微笑地看着原亚纪子白色制服上被湿润的那个部位，好像在"分辨"着什么。原亚纪子有点不自在。

这时，总经理说话了："原亚纪子小姐，如果我没有看错的话，你的白色制服上有块地方被水浸湿了。"原亚纪子点了点头，"是清洗那块污渍所致吗？"总经理问。原亚纪子疑惑地看着总经理，点了点头。总经理看出原亚纪子的疑惑，浅笑一声道："污点是我抹上去的，也是我出的考题。在这轮考试中，宫崎慧子是胜者，也就是说，公司最终决定录用宫崎慧子。"

原亚纪子感到愕然："总经理先生，这不公平。据我所知，您是一位见不得污点的先生。但我看见，宫崎慧子的白色制服上，那块污点仍然清晰可见。"

"问题的关键是，宫崎慧子小姐没有让我发现她制服上的污点。从她走进我的办公室，那只黑色公文包就一直优雅地横在她的前襟上，她没有让我看见那块污迹。"总经理说。

原亚纪子说："总经理先生，我还是不明白，您为什么选择了宫崎慧子而淘汰了我呢？我准时到达您的办公室，也清除了制服上的污点，而宫崎慧子只不过耍了个小聪明，用皮包遮住了污点。应该说，我和宫崎慧子打了个平手。"

"不。"总经理果断地说，"胜者确定是宫崎慧子，因为她在处理事情时，思路清晰，善于分清主次，善于利用手中现有的条件，她把问题解决得从容而漂亮。而你，虽然也解决了问题，但你却是在手忙脚乱中完成的，你没有充分利用你现有的条件。其实，那只公文包就是我们解决问题的杠杆，而你却将它弃之一旁。如果我没有猜错的话，你的'杠杆'忘在洗手间里了吧？"

原亚纪子终于信服地点了点头。总经理又微笑着说："如果我没猜错的话，宫崎慧子小姐现在会在洗手间里，正清洗她前襟处的污渍呢。"

毫无疑问，无论在哪行哪业，当权者的态度最终决定着员工的前途。如果不能让老板看好，员工的下场一般会是——走好吧您！那么，怎样才能给老板留下一个好印象？——这是困扰职场人士良久的问题。其实很简单，只要把事情"做好"即可。当然，这"做好"二字也是有着一定学问的。

其一，必须将事情尽量做得圆满一些，让老板看到你的"能干"，有了这种印象，他才能在分配重要任务的时候想到你，这无形中也就增加了你上位的机会。

其二，要懂得巧干。职场中有很多人常念叨"我没有功劳也有苦劳"。诚然，苦劳是一种资本，勤奋努力也是职场人必备的素质。但是，苦干又怎比得上巧干？不管过程如何，老板看中的只是结果。在现在这个时代，能苦干但不出结果的人，已然越来越不被认可了，这样的人很难取得成就。

苦干只是成功的一个条件，但并不是唯一条件。勤奋当然好，但智慧的勤奋岂不是更好！那些成功者除了比一般人勤奋，更重要的一点是，他们比一般人更善于运用智慧！

其实人生中的很多事，哪怕只是一点偏差，都可能会影响别人对自己的看法，都可能会错失良机。我们做事，应力求尽善尽美、善始善终，这不仅仅是对别人负责，更是对自己负责。而对自己负责的另一个要点，就是要懂得把握机会，甚至没有机会的时候，要给自己创造机会，让对方看到你的能耐。我们或许不需要开口争取什么，但一定要努力表现自己，让别人从我们的表现中看到潜力，机会自然就会眷顾我们。

那些一直认为"我只是在为老板"工作的人，注定与机遇无缘。你要知道，老板只是提供给你工作的机会，而能否做出一番成绩来证明自己，这完全要由你来把握。虽然说未必每一份付出都能够获得高额的回报，但你今天所做的一切，必然会在今后的日子中回报给你。

一个人若想在职场中有所建树，就必须把该做的事情做好，让老板看好。如此，你才能够得到更多的发展机会。

当然，仅仅精通业务还是不够的，职场人士更要善于推销自己。正如《形体、性格与职业选择》一书中所说："你的一生成败大部分依赖于你是否具备推销自己潜能的能力。有些人天生懂得怎样有效地推销自己，并给人们一种良好的印象，这完全是因为他们使用了一点额外的智力，我们姑且称之为'推销潜能意识'。"上文中的"宫崎慧子"在自我推销方面，就绝对称得上是个高手。

可见，机会的创造需要以素质积累为基础，你希望生命中出现彩虹，就必须勇于经历风雨；你想淘得人生的第一桶金，就必须忍受风沙侵袭；你想要成就一番事业，就必须勤勉自励，对人生充满信心和希望，要敢于接受各种挑战，练就过硬的素质。只有这样，你才能为自己创造出更多机会，也就为"成功"增添了更多选择。

投机第四步：学点审时度势，懂点随机应变

想要成功，我们就需要一种审时度势的能力。成功者之所以能够成功，与其与众不同的思维方法存在着莫大关系。它们在确定人生目标以后，一定会随时判断自己的目标是否存在偏差，随时确认实现目标所需的时间、财力、人力，等等。他们非常清楚，自己的选择唯有通过验证，才能预测出目标的现实性。一旦发现自己的目标背离了现实，他们就会迅速加以修正。

事实上，很多人的失败就在于此：他们虽然满怀壮志、坚韧不拔，但由于不懂得随"机"应变，往往会因为无法适应机遇，最终与成功失之交臂。

毫无疑问，坚持目标无可厚非，但绝不能太过拘泥、不知变通，倘若我们确实感到自己的目标幻想多过于现实，那么不妨尝试换一种方式。

古代迦太基著名军事统帅汉尼拔有"战神"之称，他在与罗马争夺地中海的战争中，就是凭着数次的随"机"应变，剑走偏锋，将人数高出自己数倍的罗马军队打得落花流水的。

那是公元前218年，罗马向迦太基宣战。汉尼拔胆略惊人，他准备率军进攻意大利，在敌人腹地作战。他认为，由海路进攻意大利过于冒险，所以选择了越过阿尔卑斯山脉。

同年4月，汉尼拔经过细心准备，率军从新迦太基城出发，沿途越过比利牛斯山，顺着高卢南岸向前推进。9月下旬，他们终于冲破重重

险阻，走出深山，到达波河上游地区。

敌人突然出现在意大利北部，宛如神兵天降，罗马人做梦也没想到迦太基人会以如此神速，出现在自家门口，他们顿时慌了阵脚，不知如何应对才好。

汉尼拔领兵先后击退了西庇阿和森普罗尼亚，兵不卸甲、马不停蹄，迅速绕过罗马的防护屏障，出其不意地抵达罗马城附近。直捣黄龙。

罗马人当然不想就此败北，他们临阵换将，推选主战派代表人物瓦罗为执政官，率军抵抗汉尼拔大军。公元前216年夏，在坎尼地区，瓦罗与汉尼拔展开了惊天动地的大决战。

开战之初，罗马主帅眼见汉尼拔大军中央力量薄弱，便决定调整兵力部署。加强自己中央力量，意图集中绝对兵力，一举击溃汉尼拔的中央方阵。

瓦罗自以为棋高一着，谁知正中汉尼拔下怀。当罗马军中央主力发起猛攻后，迦太基军中央步兵便开始缓慢收缩，两翼精兵则向罗马军侧翼包抄过去。瓦罗目睹此状，尚以为是敌军在准备撤退，不由得暗生得意。

恰在此时，500名迦太基死士佯装溃败，投向罗马阵营。瓦罗命人收缴"降兵"的武器，将其暂时安置在己方的阵后。瓦罗心想：汉尼拔又退又降，是决战的时候了。于是他一声令下，预备队全部入战，向汉尼拔发起了总攻。

汉尼拔一直纵览全局，此时见时机已成熟，便命令两翼骑兵猛攻。精锐部队左翼骑兵迅速击溃罗马军右翼，并迂回到罗马军左翼的侧后部位。

罗马军仅存的一路骑兵腹背受敌，顷刻间土崩瓦解。随即，迦太基骑兵配合步兵围歼敌步兵。这时突然间东风大作，汉尼拔预先背风埋伏的士兵和假降的500死士又一起涌出，罗马步兵迎风而战，眼泪横流，只得任人宰割……

此一役被载入世界军事史册，堪称经典，而"汉尼拔"也因此一直与"战神"并肩齐驱。

汉尼拔以"用兵如神"著称于世，名垂千古。他"神"的地方就在于能够随"机"应变，不按章出牌，料事如神，出奇制胜。人生同样如此，与竞争对手博弈，必须不断变换套路，博弈高手绝不会被对手牵着鼻子走。

人生场与战场一样，其环境与态势都瞬息万变。它时而天高云淡，风和日丽，秋月映湖；时而山雨欲来风满楼，黑云压城城欲摧；时而电闪雷鸣，疾风骤雨，天昏地暗。久经沙场或历经起落的人会对此习以为常，他们深信变化是绝对的，不变是相对的，只有无穷的变化，才会有无穷的机缘、无穷的魅力，才会引得无数英雄竞折腰。

然而变化之中有机缘，只说明了机会的存在，更重要的是在变化之中发现机缘、把握机缘。古人云："识时务者为俊杰。"何谓时务？不难解释，时务就是指世事的发展变化态势。识时务，就是指根据这种发展变化态势去寻找、把握机缘，决定自己何去何从。

任何世事的构成或运动变化都是由系统内外条件和多种因素决定的。当某些条件和因素达到一定的排列组合和结构状态时，只要从系统外部再加入一定的能量、信息或物质，整个世事就会发生结构上的重大变化，而身处局内之人可能就会因此而被卷入这一变化之中。即将发生变化的这一转折点可以称为"事机"。世事的事机对应着的时间数轴上的某一点，被称为"时机"。事机和时机统归于"时务"的涵盖之下。时务在事机和时机之上更具有待选择、决策和行动的意味。抓住时机和事机，选择、决策的行动，能出现更高的工作效率，不仅时效高，效能大，运动的势能强，而且实现预期目标的可能性也最大。任何世事在其发展过程中都存在时机和事机，尤其对人生选择、经营决策、计划实施等至关重要。能够较准确地识别时机和事机的到来，并据此做出人生抉择，即为识时务的俊杰。

其实只要你毅力够强，并能随机调整目标，实现目标就不会再困难。须知，几乎每一位成功者都懂得审时度势，随时确认自己的目标是否存在偏差，并及时做出相应调整，他们会掌握机遇走向，让自己不断地接近成功。选择→调整→成功，相信在这一过程中，你一定也能够得到更多快乐，体会到生的真正意义。

我们要想达到办事成功的目的，就必须有一点绝招，见人之所未见，行人之所未行，方可达到出奇制胜的目的。出奇制胜需要一颗灵活的头脑。有人曾经说过，所有成功的秘密就在于对你身边的一切保持高度关注，调整自己以适应周围的环境；意识到时机资源的宝贵，在适当的时间里说别人想听的话和需要听的话；仅仅处理好事情是远远不够的，还需要在适当的时间和适当的场合去处理。

投机第五步：练就雷厉风行的性格

其实，人的一生，能够斗志昂扬、精力充沛的黄金段并不多，与其年迈时空叹韶华白头、精力不再，不如怜取眼前时机，将遗憾从生命中彻底赶走。聪明人都很清楚，一次机遇对于一个普通人而言，是何等的宝贵、何等的重要！所以当机遇来临时，他们从不犹豫，伺机而动，一击即中，因而机遇也成就了他们。

一个人在机遇面前倘若总是优柔寡断、犹豫不决，就会遭到机遇的鄙夷与抛弃。机遇才不会等你，你不抓住，它一定会跑向别人那里。

与成功相距最远的，往往就是那些优柔寡断之人。机会出现在面前，他们瞻前顾后，一会儿猜忌，一会儿顾忌，到头来却又抱怨命运不济。这种人缺乏主见、意志薄弱，他们连自己的判断都不相信，自然也不会得到他人的信任，机遇更不会相信于他。

那些成功之士之所以能够成功，很大程度上取决他们雷厉风行的性格。他们在机遇面前果敢无畏，该出手时就出手。诚然，他们也会有犯错之时，但即便如此，亦不知强过那些犹豫不决之人多少倍，因为他们出手的次数越多，能够抓住的机会也就越多，成就自然也就越大。

而那些失败者失败的原因，则主要在于他们不具备辨别机遇的能力，更别谈驾驭机遇的手段。

对于中国香港女演员而言，若想成名通常会有两条路可供选择——其一，进入"TVB"或"RTV"艺员培训班接受培训，结业后与香港演艺界这两大龙头签约，在其摄制的影视剧中逐步担当一些角色，慢慢提高身价；其二，参加亚姐、港姐竞选，一旦摘得奖项，"TVB"或"RTV"便会主动找上门来。在成为其旗下艺人以后，自然会得到一些出镜的机会。著名影星张曼玉选择的就是后者。

1964年9月20日，张曼玉于香港出生。8岁时，全家移民至英国，在英国肯特郡读完中学。16岁时，便在伦敦一家书店做店员工作。1982年，随同母亲回香港探亲，并找到一份化妆师工作。

一日，张曼玉在大街上闲逛，恰巧被一星探发现，力邀她参加一则维他命汽水的广告拍摄。就这样，张曼玉成为一名专职模特儿，先后接拍了一些汽水、洗发水、电器及百货公司的广告。随后，她那俊俏活泼的外形以及窈窕青春的体态，又得到了杂志社的青睐，遂转型成为一名出色的封面女郎。

1983年，TVB举办"香港小姐"竞选活动，张曼玉意识到自己的机会来了，她决定参加选美，以实现自己的梦想。源于那一段在英国的生活经历，她的气质显得与众选手大不相同，最终斩获"香港小姐"亚军殊荣及"最上镜小姐"称号。随后，张曼玉又被"TVB"派往英国参加"世界"竞选，并成功进入半决赛"前15名"，这一成绩乃是香港参加世界选美史上的最佳表现。衣锦归乡以后，张曼玉身价倍增，片约纷沓而来，一时成为演艺圈冉冉升起的一颗新星。每每忆及这段经历，张曼玉总会自豪地说："参加港姐竞选是我生平作出的第一次最有勇气的决定，因为这无疑是我进入娱乐圈的最佳机遇。退一步讲，即使落选，我还有机会当艺员，因为演戏实在太吸引我了！"

如今，张曼玉已逐渐淡出观众的视线，但她所取得的一系列成就，却依然历历在目：

1991 第 28 届台湾电影金马奖最佳女主角

1992 柏林影展最佳女主角银熊奖

1992 芝加哥影展最佳女主角雨果银牌奖

1992 香港艺术家年奖银幕演员年奖

1993 第 12 届香港电影金像奖最佳女主角

1993 日本影评人大奖最佳女主角

1996 巴西巴伐利亚最佳女主角奖

2004《清洁》第 57 届戛纳国际电影节最佳女主角

……

回顾张曼玉这条成功之路我们不难看出，机遇更加眷爱那些目光独到、有能力掌控自身命运的人。一如开篇所说，我们的黄金期本就不多，根本不允许去浪费，所以一旦机遇出现，只要看准了就别犹豫，要像猎鹰一样一击即中。

当然，这里说的"该出手时就出手"，并不是指轻率冒进、意气用事，而是指经过"三思"之后的当机立断。

想好就干，神速出击，这是值得任何一个现代人深深体会和借鉴的。

这个社会上有很多人不乏才华，当然也有梦想，但从青春年少直到不惑之年，却一直不曾做出什么值得夸赞的业绩。何故？其很大一部分原因是他们太过犹豫。

那么，为什么一些人遇到事情总是犹犹豫豫、优柔寡断呢？原因就在于此：

1. 这些人有认识障碍

犹豫的人可能涉世未深,因而对社会事物的认知缺乏必要经验,这导致他们看问题不够十分准确,于是就会产生"拿不定主意"的心理冲突。尤其是他们所面对的问题较为复杂、颇为重要时,表现得更为明显。

2. 这些人有情绪障碍

犹豫的人可能曾经有过情绪刺激史,他们因为某一问题受过严重的心理创伤,一旦面对类似的事情,便极容易产生消极的条件反射。也就是我们常说的"一朝被蛇咬,十年怕井绳"。

3. 缺少必要训练

在当今这个时代,独生子女越来越多,很多人自幼便备受宠溺,衣来伸手,饭来张口。父母、兄弟,甚至是朋友都是他们的依赖对象。这些人步入社会以后,缺少了依赖对象,就会变得不知所措,极易出现优柔寡断的心理。

另外值得一提的是,犹豫心理的产生,还与教育环境有一定的关联。即自幼被管教得太严,这样的人优点是"听话",缺点是"太听话",做什么事都循规蹈矩,一旦事情发生了变化,他们就不知该如何是好,因为他们担心自己一旦犯错便会受到责罚,于是就那样一直犹豫着。

这显然对我们的人生是非常有害的。兵法有云:"用兵之害,犹豫最大也。"细细思量,人生又何尝不是如此呢?所谓"机不可失,时不再来"。犹豫不决的直接后果,就是导致你在人生的竞技场上折戟沉沙。事实上,雷厉风行的性格、"一剑封喉"的手段,俨然已经成为当代人成功的秘诀之一。

那么，我们怎样才能果断地作出决定呢？大家可以试着这样去做：

1. 已经作出的决定，就不要反复

我们只要做出了某个决定或是确定了某一目标，就应该想法在现有的条件下促进成功，而不是一再怀疑自己所作的决定正确与否。

2. 必要时，也要"一意孤行"

诚然，我们的确应该适当听取一下别人的意见，博采众长以为己用，但我们却不能因此而束缚了自己的思维。有些时候，可能有人甚至是大多数人都不同意某件事，而你却对此十分向往，你认为这样做应该是对的，那么你大可以坚定自己的立场。

3. 淡定取舍，权衡利弊

我们的生活中充满了选择，有时会觉得两种选择各有利弊，难以做出决断。在这种情况下，我们需要遵循的守则就是"两利相权取其大，两害相衡取其轻"。孟子曾经说过："鱼我所欲也，熊掌亦我所欲也，二者不可得兼，舍鱼而取熊掌者也。"假如说我们什么都不想舍、什么都不愿放，就那样迟疑不决，则很可能我们不仅会失去鱼，还会失去熊掌。

记得哲学家培根曾感慨地说："机会老人先给你送上它的头发，当你没有抓住再后悔时，却只能摸到它的秃头了。或者说它先给你一个可以抓的瓶颈，你不及时抓住，再得到的却是抓不住的瓶身了。"

所以说，在一些必须作出决定的紧急时刻，你就不能因为条件不成熟而犹豫不决，你只能把自己全部的理解力激发出来，在当时的情况下作出一个最有利的决定。当机立断地作出一个决定，你可能成功，也可能失败，但如果犹豫不决，那结果就只剩下了失败。

　　一件事情想到了就要赶快去做，千万不要犹豫不定，如果什么事情都要想到百分之百再去做，那么你就要落于人后了。有些事，并不是我们不能做，而是我们不想做。只要我们肯再多付出一分心力和时间，就会发现，自己实在有许多未曾使用的潜在的本领。要使做事有效率，最好的办法是大胆去做，边做边想。养成习惯之后，你会发现自己随时都有新的成绩：问题随手解决，事务即可办妥。这种爽快的感觉，会使你觉得生活充实，而心情爽快。

　　因此，我们要努力训练自己在做事时当机立断的能力，就算有时会犯错误，也比那种犹豫不决、迟迟不敢作决定的习惯要好。

　　成千上万的人虽然在能力上出类拔萃，却因为犹豫不决的行动习惯错失良机而沦为平庸之辈。当机遇来临时，我们就要迅速地抓住它，尽快用行动滋养它，让它生根发芽蜕变为成功。

投机第六步：掌握点成功的诀窍

　　在谈及成功的方法和诀窍时，克里蒙特·斯通说："我母亲的菜做得很好，但是她却没有办法告诉我，她究竟是怎样做的。她只会说：'这样放一点，那样放一点。'但是她炖的汤、做的肉丸子，以及烤的饼就是好吃得不得了。而我也是那样做，味道就差远了。这是因为母亲懂得诀窍，而有没有诀窍常常是成功和失败的分界。"

诀窍并不是指知道如何去做一件事情——那是行动知识。诀窍是以正确的方式、技巧，以及最少的时间和努力去做好某件事情。在你掌握诀窍之后，你就能成功地做好某一件事情，这是一种从经验中自然产生的良好习惯。

但是如何获得诀窍呢？只有从"做"中获得。如同母亲为什么菜做得好的道理一样，每一个人获得诀窍的途径，都是亲自去体验，然后改良一种方法使之成为适合自己的最佳方法。

正如17世纪法国哲学家笛卡儿所说："我思故我在。"方法和诀窍也需要个人的努力思考、用心学习才能找到。克里蒙特·斯通建议人们可以从以下几方面开始：

1. 虚心学习

要有诚心诚意的态度，抱着"处处留心皆学问"的精神。

2. 升高一层地观察和思考

站在更高一层的位置来看问题和想问题，把我们的位置提升，我们更能体会大我与小我之间的关系。

3. 变换角度

任何事物都有彼此相同或不相同之处。其实大自然已经给我们提示出许多解决方法，只看我们是否能运用自己的智慧找到正确的角度。

4. 改变环境

人受环境的影响很大,每个成功的人,都会主动选择最有益于向自己既定目标发展的环境,变不利为有利。

5. 脑力激荡

脑力激荡是通过群体的力量,尽可能想出一大堆的主意,然后再来进行探讨评估,找出解决问题的最佳方法。

6. 以退为进

暂时离开问题,好的策略需要时间来考虑,偶尔将自己抽离,不必急着一切要现在解决。让脑子休息一下,往往绝佳的创意会瞬时涌现。

"师傅领进门,修行在个人",要想有所作为,要获得成功,方法和诀窍是必需的。因此,如果你要成功,就要努力去获得方法和诀窍。

第六辑
CHAPTER 6

塑造竞争意识，争取骄人的成绩

这是一个充斥着竞争的时代，在这个以超过往日几倍甚至几十倍的高速度发展的时代，昨日的富商大贾，今天就有可能落魄街头；甚至早上还发红发紫的明星，晚上就有可能成为明日黄花。所以，这个时代呼唤竞争意识，对于想要在人生事业上有所发展的个人而言，这一点尤其重要。故而，我们应当努力去培养自己的竞争意识，从容地去面对竞争。

竞争第一步：你必须与命运"争"

聪明人不会坐等机会来敲门，而是积极主动地去寻找并抓住它、征服它，让它成为我们的奴仆。只有这样，我们的眼前才会出现一条又一条的光明大道。

成功是很多人都在追求与竞争的目标。很多东西当你得到时，别人就会失去，所以为了自身价值的实现，为了成功，你必须学会"争"，和别人争，也和命运争、和自己争。

有些人常常牢骚满腹，怨天尤人：父母为何不是位高权重的政府要员，我为什么没出生在亿万富翁的家里，自己的条件为何不如别人的好，机会为什么总是降临在别人身上……他们对命运总是不满，一味地埋怨与诅咒。

其实，上天对所有的生命都是公平的，倒是某些人常常自轻自贱，自我蔑视。我们应该明白，虽然无法改变它的本性，自己却可以改变自己的命运。与其自怨自艾，不如自强自立。

成功学大师罗宾说，人生有两种，他们对待机会的态度各不相同。

第一种人是弱者,总是等待机会,机会若不降临,他们就觉得寸步难行;第二种人是强者,总是创造机会,即使机会没有来临,也觉得脚下有千万条路可以走。

所以,当觉得自己不够顺利时,弱者总是找借口说"我没有遇到好的机会",而强者则说"我只不过是暂时没有找到机会"。其实,在整个人生中,时时处处都充满了机会,只不过有些人总是消极等待,借此感叹生不逢时或是怀才不遇。要想获得机会,取得成功,我们必须积极主动地去争取、去创造!

西奥多·帕克是美国历史上颇具影响力的人物,为推动美国社会的发展作出了巨大贡献。在美国,一提起"西奥多·帕克"这个名字,几乎是家喻户晓、妇孺皆知。但鲜为人知的是,他的奋斗历程却比其他人都艰难。

西奥多·帕克是一边做农活,一边自学,最终考上哈佛大学的。由于家庭原因,在念大学的时候,他还得坚持自学。完成学业时,他的成绩却比谁都出色。通过他的奋斗历程可以看出,他能够取得成功的一条重要原因,是因为时刻争取机会。否则的话,他恐怕连书都读不成。

那是8月的一个下午,西奥多·帕克与父亲一起在地里做农活。帕克突然说:"爸爸,我想在明天参加哈佛大学一年一度的新生入学考试。"帕克的父亲是莱克星顿一位水车木匠,由于家里穷,他供不起儿子读书,为此感到十分惭愧。他知道,儿子虽然没能进学校读书,却一直在自学,而且非常用心,梦想有一天能考入一所名牌大学。他很佩服也非常支持儿子的做法,所以虽然在经济上无法给予援助,还是答应了儿子的这个要求。

第二天，帕克起得很早，风尘仆仆地走了 16 千米路，赶到了哈佛学院。一路走来，他回想着从小到大的读书经历。从 8 岁那年开始，就失去了上学的机会，因为家里穷。但是，他想方设法赚钱买书，或借小伙伴的书抓紧时间攻读。

他惜时如金，做活儿、走路，甚至睡觉的时候，都一遍又一遍地在脑海里回忆和背诵学过的知识。最后，学过的所有知识都被他背得滚瓜烂熟，同时也十分透彻地理解了它们。

有一次，他在书店里看到一本好书，非常渴望拥有它。于是在夏天的一个早上，他背着箩筐来到原野里采摘浆果，然后再把这些浆果送到波士顿去卖，最终用换来的钱实现了一个小小的愿望。

想到这些，帕克告诉自己：这次考试，只许成功，不准失败！等到**揭榜那天，他果然金榜题名**。那天回家，帕克把好消息告诉了父亲。"我的孩子，你真是好样的。"木匠夸奖道，"可是，我没有钱供你到哈佛读书啊！"帕克笑着说："爸爸，您不用担心。我不会搬到学校去住，只要利用家里的空闲时间来自学就够了。只要通过考试，我同样能拿到一张学位证书。那样，什么都好办了。"

后来，帕克成功地做到了这一点，以优异的成绩回报了自己和支持他的亲人。

时光飞逝，当年读不起书的那个小男孩后来成了一代风云人物。作为著名的废奴运动倡导者和社会改革家，作为国务卿西沃德、首席大法官莱斯、著名参议员萨姆纳、哈里森总统、著名教育家贺拉斯·曼、废奴协会主席温德尔·菲利普斯等人的密友和事业顾问，西奥多·帕克对整个美国的影响是不可估量的。

西奥多·帕克虽然家境贫寒、出身卑微，但他时刻不忘努力学习、开拓进取，利用一切机会进行创造，因此，他最终踏上了成功之路！对于出生在当今时代，家庭环境无比优越的我们来说，又作何感想呢？努力拼搏吧，具备优越的条件并不是最大的优势，只有艰苦奋斗，努力争当生活的强者，我们才能有所建树，取得成功！

人的一生是奋斗的一生，如果失去了奋斗，生命就失去了意义，人生也缺少了激情。古语有云："不经一番寒彻骨，哪得梅花扑鼻香。"也就是说，不经一番傲霜立雪的搏斗，就无法开出娇艳的花朵。同样的道理，一个人只有不惧挑战，勇于奋斗，才能开辟独具特色的道路，才能抓住机遇走向成功的殿堂！

竞争第二步：留住心中那份豪气

皮鲁克斯在《希望你的性格中多一些远见》一书中说："成功的性格必须首先克服短见和盲目两大弱点，因为它们均因缺乏自信而形成。"我们应该认识到，人的一生不可能一帆风顺，总要面临挫折，这就要求我们在最困难的时候，克服注重眼前利益的短见，要有长远的眼光，自己给自己定好位，这是保证获得成功的前提条件。

一个人如果对于自身的能力缺乏自信，即使其中掺有谦虚的成分，也无法使自己获得真正的成功，更不可能得到真正的幸福。因为健全的自信往往是促成成功的关键。梦想是人类的特权和天性，成功者会展开梦想的翅膀，立定目标飞向诱人的未来。

年少时，我们每个人都曾经如同小鹰一般，曾拥有过翱翔天际，悠游自在的壮阔梦想。有趣的是，这些伟大的梦想，往往也就在周围亲友的一句句"别傻了"、"不可能"声中，逐渐萎缩，甚至破灭。其中，这种破灭还与你性格中的弱点有直接联系，即你因别人而放弃远见，可能开始充满短见，贪图小利了。

怎样才能获得一种没有短见却又自信的性格呢？想象一下你的问题的答案，想象你正爬越心中的山脉，想象你正冲过终点。表面上，这些设想好像很不实在，但却往往能增加你的耐力，使你百折不挠，继续向理想迈进。

每一个渴望成功的人都应该具备这样的个性：莫让我们的梦想因别人的几句冷言冷语而熄灭。安于现状，只会使你丧失获得更卓越成就的能量。只要你的眼光看得够远，就一定能真正飞起来。所以，你的性格中应该融入自己的主见，自信能在将来有所作为，才能放弃小恩小惠。否则，你成不了大事，这都是因为你的性格弱点制约了你！

有这样一件事，读过之后或许会对我们有所启发：

谭盾在中央音乐学院时，被誉为"四大才子"之一，1986年，他远赴哥伦比亚求学。初到异乡为求生存，谭盾只能选择在街头卖艺谋生。所幸，他结识了一位黑人琴师，两人同心协力占据一块地盘——一家商业银行的门前。

积累了一定资金以后，谭盾决定离开黑人琴师，投向自己向往已久的艺术殿堂——哥伦比亚大学。在这里，他师从大卫·多夫斯基以及周文中先生，潜心学习音乐。身在学府，当然不能像街头时那样卖艺赚钱，谭盾的生活逐渐拮据起来。然而，此时的他已然进入更高的境界，他的目光超越了物质，投向远方……

1988年，在师友的帮助下，谭盾在美国成功举办了个人作品音乐会，成为第一位在美国举办个人音乐会的中国音乐家；1989年，谭盾以一曲《九歌》闯入国际音乐殿堂，并不断推陈出新，凭借令人赞叹的音乐作品，逐步奠定了自己"国际著名作曲家"的地位……

谭盾成名以后，一次，当他路过自己曾经卖艺的地方时，竟然惊奇地发现——那位黑人琴师居然还在！十年弹指一挥间，黑人琴师的脸上依旧写满了满足。谭盾走上前去与之交谈起来，琴师询问谭盾现在的"工作地点"，他简单回答了一家非常具有知名度的音乐厅，不想对方却说："那个地方也不错，能赚到不少钱。"黑人琴师怎会知道，如今的谭盾早已成为享誉全球的大作曲家了。

谭盾之所以有今日之成就，就在于他一直怀有成为音乐家的想法，他没有将自己定位为"卖艺者"，他十分清楚，自己绝不能依靠"卖艺"来走完人生旅程。相反，那位黑人琴师从始至终就认定，自己只是个"街头拉小曲的"，所以他的人生只能以"不入流"收场。

古往今来，大量事例足以证明，一个想法、一个定位，在很大程度上可以改变一个人的人生。

毋庸置疑，每个人心中都有过"豪气"，都曾想过有朝一日出人头地、威风八面，但为什么只有少数人能够成就梦想呢？从根本上讲，是因为这部分人的"豪气"要较一般人更为强烈，而且他们知道怎样去驱使自己的"豪气"。

生活中很多人不是没有梦想，而是没有足够的自信与豪气。所谓信心，是指由于自身产生了某种信仰，而感觉自己正被世界所相信的一种心理。一个人唯有充满信心，其行动的可能性才会更高。

相反，倘若一个人总是妄自菲薄，那他就会逐渐成为自己所自贱的样子；倘若一个人对自己没有信心，那他就注定与庸人为伍；一个人如果质疑自己的能力，那么他永远也不会成功。

我们到了一定年龄，倘若仍对自己缺乏基本的、适度的信心，在生活中就不可能具备刚毅、无畏的品质，就不可能充满激情、充满斗志地去追求自己的目标。这样的人，注定碌碌无为，他的生活甚至会举步维艰，又何谈事业呢？

战国时期的著名思想家、教育家墨子告诉后辈"志不强者智不达"。一个人能在人生中取得多大成就，很大程度上取决于他心中的"豪气"与"自信"。"金鳞"志在九天，所以才能够"一遇风雨便成龙"，我们若想"大鹏展翅乘风起"，心中就一定要有"扶摇直上九万里"的自信与豪气，让心中激荡着恒久的斗志与激情，并不断地向着天际飞升。

自信与豪情于人而言，一如飞机的引擎，只不过大多数人的引擎尚处于熄火状态，一旦引擎发动，且驾驶无误，你就会很快地一飞冲天。

所以说，我们需要不甘寂寞的人生，需要恢宏的气势，要有"我能"、"我行"、"舍我其谁"的志气、勇气与霸气，舍去"我穷"、"我难"、"我无关紧要"的弱势心理，这样才会有日后的"会当凌绝顶，一览众山小"。我们绝不能用世俗的眼光看待自己的人生，调转一个角度去寻找自己的人生焦点,用自己特有的处世之道去展示自我。心中长存这样的信念:"我命由我不由天,我一定行!"那么,我们就一定行!

竞争第三步:要有一颗"不安分"的心

我们应该时刻让心中燃着一股斗志,不要轻易否定自己的价值。人来到这个世界,就是来走上帝所赠予我们的路。这是一种幸运。不是吗?不管是遍地荆棘,还是到处是花,我们都同样地来到这个世界。同呼吸,同看日出日落。大人物有大人物的追求,小人物有小人物的向往。而不管你是一个什么样的人,都不应怀疑自我的价值。

其实生活中,很多人不是没有想法,而是缺乏胆量,缺少自信。到了一定的年纪,他们不敢接受改变,与其说是安于现状,不如坦白一点,那是没有勇气面对新环境可能带来的挫折和挑战。这些人最终只会是一事无成!

有这样一个寓言,一只青蛙每天都蹲在火山附近池塘中的一片浮萍上,它对此早已习惯,甚至懒得跳跃去捕捉面前的飞虫。当池塘中其他伙伴找到另一处"妙地",并纷纷前往之时,它依然高仰着头,甚至嘲笑它们。所幸,这只青蛙练就了"长舌绝技",几乎不用挪动脚步就能捕捉到飞虫。

终于在某天，火山爆发了，池塘中的水被烧沸，沸水接触到了青蛙的脚，但它依旧一动不动。最后，这只青蛙只能活活烫死。

青蛙的可悲之处在于，它固执于自己的惰性，结果因"安分"而丢掉了性命。其实，逃命并不难，它只需轻轻一跳，就足以让自己躲过这场厄运。

很多时候，我们又何尝不像这只青蛙呢？我们固守着一成不变的生活，以至于形成惯性思维，只知安于现状，绝不肯轻易转变，乃至于自己的人生停顿不前，逐渐为社会所淘汰。

在突飞猛进、竞争激烈的时代，太过安于现状，就会失去机会，失去竞争能力，从而失去成功的可能性。所以说，人不能一直停留在舒适而具有危险性的现状之中，要勇于突破自我，只有这样才能让人高看一眼。

毋庸置疑，我们都想拥有一片宽阔的人生舞台，但我们首先必须清楚，自己要的是一个什么样的舞台。一个人活得没有志气，最突出的表现就是没有人生目标。没有目标就好像走在黑漆漆的路上，不知自己将走向何处。而所谓的目标，就是你对自己未来成就的期望，确信自己能达到的一种高度。目标为我们带来期盼，刺激我们奋勇向上。当然，在为达到目标而努力奋斗的过程中可能遭遇挫折，但仍要坚定信念、精神抖擞。

如果个人对价值理念缺乏定向，往往会导致个人对现存社会价值观念产生怀疑和不满，无法确信生活的意义而使自我迷失。每个人到了老年都会反省过去的一生，将前面的生命历程整合起来，评估自己的一生是否活得有意义、有价值，是否已达到自己梦寐以求的目标。如果认为自己拥有独特的并且有价值的一生，便会觉得一生完美无缺、死而无憾，而且由经验中产生超然卓越的睿智，更能无惧地面对死亡。相反，如果否定自己一生的价值，便会对以往的失败悔恨，余生充满悲观和绝望。因此，不要怀疑自己，更不要否定自己！因为，无论如何，世界上只有一个你，你是独一无二的。"三军可夺帅，匹夫不可夺志。"别人否定你并不可怕，自己决不要否定自己。"人皆可以为尧舜"、"众生平等，皆可成佛"，如果把尧、舜、佛理解为能参悟宇宙规律的大师，那么这些话可以理解为在真理面前人人平等，人人都能创造！

竞争第四步：找到人生的短板

每个人或多或少都存在一些缺点，有些无伤大雅，有些则严重威胁着个人的成功。以下是人们身上常见且危害性较强的一些缺点，希望大家能够参照自身，无则加勉，有则改之，以求为我们行走社会、建造事业打下坚实的根基，帮助我们在竞争中脱颖而出。

1. 热情不足

黑格尔曾经说过："没有热情，世界上就没有一件伟大的事能完成。"美国的《管理世界》杂志曾进行过一项测验，他们采访了两组人，第一组是事业有成的人事经理和高级管理人员，第二组是商业学校的优秀学生。

他们询问这两组人，什么东西最能帮助一个人获得成功，两组人的共同回答是"热情"。

热情之于事业，就像火柴之于汽油。一桶再纯的汽油，如果没有一根小小的火柴将它点燃，无论汽油质量再怎么好也不会发出半点光，放出一丝热。而热情就像火柴，它能把你拥有的多项能力和优势充分地发挥出来，给你的事业带来无穷的动力。

一个人如果没有热情，就不会激发出自身的潜力，又会给人一种心灰意冷，毫无前途的印象，这样的人终将在竞争中遭到淘汰。

2. 适应能力差

能否适应不同的环境，是一个人竞争能力的体现，这是因为人的压力主要发生在自身进行变革时。成功者不仅有能力去适应变革，而且更有能力去促进变革。

适应能力的本质，就是参与冒险的能力。成功者大多知道，转变与冒险是同时存在的，对于成功者而言，转变不仅是时势所迫，而且往往是不可避免的。因此说，我们若想获得竞争的胜利，就一定要有意识地培养自身的适应能力。

3. 缺乏自信

独木桥的那边是一种奇境，有各种果实，诱人前往，自信的人大胆地过去采摘，而缺乏自信的人却在原地犹豫：我是否能走过去？——而果实，早已被大胆行动的人先行一步，收入囊中了。

自己都信不过自己，别人怎么能相信你？但凡成功者都是非常自信的，强烈的自信心不仅能振奋自身士气，亦可在气势上压倒对手，取得意想不到的效果。对于沃恩而言，没有机遇或没有条件尚有情可原，如果是因为缺乏信心而失掉机会乃至导致失败，未免就太过可惜、可怜、可悲了。

4. 自负

人不能不自信，但也不能太自信，否则就成了自负，就会有对自己做出不切实际的评价，别人也会因此认为你是个妄想狂，不会很好地与你相处。

美国威特科公司总裁托马斯·贝克曾经说过，你可以聘到世界上最聪明的人为你工作。但是，如果他孤芳自赏，不能与其他人沟通并激励别人，那么，他对你一点用处也没有。

其实这段话也可以这样理解：你可以是世界上最聪明的人，但是，如果你孤芳自赏，过于自负，不能与其他人沟通并激励他人，那么，你一点用处也没有，不可能获得成功。

我们如果太自负，就可能会固执己见，一意孤行，一旦走入死胡同，就要追悔莫及了。

5. 用心不专

无论做任何事，"三心二意"都是不可取的。不将精力集中在你的目标上，而去考虑其他无关紧要的事情，必然会分散精力。一个人的精力是有限的，没有足够的精力开创事业，自然不会有什么大作为。专心致志的人往往会成为人们赞赏的对象，他们的事业往往也会比三心二意者做得更大。

当然，存在于人们身上的缺点远不止这些，在这里就不多做表述。其实，只要你能时时反省自己，以客观的眼光去看待自己的所言所行，缺点必然会无处容身；只要你在发现缺点以后，能认真去思考缺点产生的原因并积极加以改正，你就会越发优秀起来。那么，我们还等什么？马上找出自身的软肋，弥补自我，让自己一天比一天能优越，让自己不再惧怕竞争，让自己更接近成功。

竞争第五步：要有一颗向学的心

很多人总是抱怨自己没有学习的时间，但是眼看着职场上青出于蓝而胜于蓝的现状，自己内心开始百感交集。其实，学习并不是一件多么难的事情，你没有必要，也不可能非要找一段时间才能完成它。相反，学习应该是随时随地的，因为知识可以说无处不在，只要你做一个生活的有心人，就一定能够成就自己完美的学习计划。

或许我们一直在为自己没有时间学习发愁，眼看着职场对人的要求越来越高，如果再不拓宽自己的知识面，就会有被淘汰出局的危险。尽管公司有的时候会有一些培训，但这远远不够，就算是够用，最起码也要有反复温习思考的时间。但问题是，自己整天忙得四脚朝天，家里家外一堆的事儿,哪还能够每天腾出时间来学习呢?这时候不免有些怀念自己那段念书的时光,每天除了学习还是学习,什么都用不着着急、操心,轻松自由的日子多好,多叫人怀念。先别急着感叹,而是应该面对现实。其实,知识是没有围栏的,它无处不在,并不是你一定要用一段固定的时间才能将它学到手。相反,我们应该养成随时随地学习的好习惯,只有这样,我们才能在无形中为自己积聚能量,在不知不觉中把自己打造成一个知识丰富的人。

那么我们应该怎样做呢?怎样才能做到随时随地地学习,把无处不在的知识统统抓在自己的手里呢?看看下面的建议,希望对你能有所帮助:

1. 学习要与工作紧密融合

当你在从事知识性工作时,就是在学习;同时你也必须随时随地不断地学习,才能有效执行这类工作。

在旧经济体系中,如建筑工人和司机这类工业工作者的基本能力具有相对的稳定性。虽然这些技能的运用会因情况而异,譬如,不同的建筑工地有不同的责任分配,但是学习在劳力工作中所占的比例却十分稀少。

在新的经济组织里,学习所占的比例大增。看看那些寻找基因基础的研究人员、创作新式多媒体应用程序的软件工作者、为客户评估市场情况的顾问、创立新事业的企业家,或是学院里的助教,想想你自己的工作是否也是其中之一。工作与学习交互重叠成了工作能力中最坚实的构成要素。

哈佛大学的修夏娜·祖鲍夫曾这样问她的听众："假如你正大大咧咧地坐在椅子上,甚至把腿跷到桌上,却看到老板正朝你的办公室走过来时,你会怎么做?"有位听众回答说:"赶紧把腿放下,假装正忙着做事。"接着,祖鲍夫强调一个观点:对知识性工作者而言,思考——不管双腿放在哪里——就是工作。想要有效率地执行知识性的工作,就必须思考,并要将思考与工作融合。

2. 想学习不一定要从学校开始

斯坦·戴维斯及吉姆·巴特金写了一本很刺激的书——《床下怪物》,书中对这个多数人都赞成的观点,做了非常适当的表达。此书阐述道,教育的职责早先是属于教堂,然后转移到政府,如今则渐渐落在企业身上,因为最终必须负责训练知识性工作者的应是企业。两位作者认为:"由农业经济转型到工业经济时,狭小的乡间校舍就被大的砖造教室所取代。40年前,我们开始转向另一种经济形态,但是,至今我们都还未发展出新的教育模式,更别提创建未来那种很可能既不是学校,也不算一栋建筑物的'教室'了。"

因为新经济体系将是知识性经济,而学习则是日常活动以及生命的一部分,因此,企业和个人都将会发现,仅仅是为了要让工作有效率,而必须学习,企业将会为了竞争而变成学校。根据麦当劳一位主管说法,这就是为什么麦当劳会每年帮助超过10000名员工升学教育的原因。摩托罗拉、惠普和升阳电脑公司,也各有摩托罗拉大学、惠普大学及升阳大学等课程。

假如你是消费者,你必须持续不断地更新知识库:学习利用出租汽车上的仪表显示器；在家用电脑上安装新的软件系统；和女儿一起上网络探索她的酸雨研究计划，或有关圣地亚哥动物园光盘的信息；规划你的家庭电影院；或在网络上采购日常生活用品。

这些知识性产品或知识性服务的供应商，一定要将学习包含在内，一旦进入数字经济体系里，你就不仅是位知识性工作者，而且也是一位知识性消费者，每个人都要对自己的课程表设计担负相应的责任。我们必须制订自己的终身学习计划，自动自发地学习，在工作中学习。

3. 习惯组织意识形态

学习型组织的概念，是由彼得·圣吉提出的。他认为学习型组织是："人们可以不断扩充自己的能力，以实现自己真正的梦想。在这里，人们可以培养又新又广阔的思考模式，共同的抱负有了挥洒的空间，也可以不断地学习如何与他人共同学习。"

在网络智慧的新纪元，团队可借网络而获得更清晰的意识。正如主从式结构的电脑能将其所要整理的资料加以分类与整合；同样地，网络的运作也可以将人类智慧加以分类与整合，进而建立起一种全新的组织意识形态。

网络成为企业思考以及学习基础的同时，组织型学习也可以延伸到小组以外，使得小组智慧进而转变为企业智慧。组织意识是组织型学习不可或缺的先决条件。

总之，学习没有国界，没有围栏，只要你想学，就可以随时随地地学，只要你有恒心、有毅力就一定能得到自己想要的知识。即便没有学校，没有老师，没有家长的叮咛，你也一样可以在这个社会里学到自己想学到的东西。你一定要记住，尽管我们的年龄在一天天变大，但我们从来都不曾落后过——因为我们一直在不断地学习。

最后再次提醒大家，知识在不断地更新着，时代在不断地变化着，竞争在日趋激烈着，我们一直都在奋斗着。但是这个世界就是这么残酷，谁忽略了知识的力量谁就必然会成为被淘汰出局的对象。所以，别再为自己找借口了，学习的大门一直向你敞开着，它没有围栏，也不需要固定的时间，而是一件随时随地都可以完成的事情，因为这个时代告诉着我们，知识无处不在，只要你能把它握在手里，你就一定可以收获成功。

竞争第六步：发现优势，培养专长

其实这一章我们就是想告诉大家，不管时代怎样风云变幻，我们一定要记住不能甘于平庸，人生是短暂的，你不能活得没有一点特点。如果你想在自己还没有老去之前享受到获得成功的那份成就感，那么从现在开始，好好思考一下你的专长是什么吧！这不是在浪费时间，而是在帮助自己找到一条开启明天的入口，有了它你才会有方向，有了它你才不至于迷茫，才会真正明白自己现在应该做些什么，才会知道如何在竞争中胜出。

尽管外面的世界竞争不断，但当你迈向竞争者的行列之前，还是要思考这样几个问题，你的优势是什么？你拿什么去和别人竞争？你有没有发现自己的专长？这个时代很现实，如果你活得没有一点特色，别人是不会注意到你的。毫无疑问，现在，正是我们为自己的前程努力的时候，但是这个时候，你如果还是没有发现自己最善于做的事情是什么，而只是为了打工而打工，为了生活而生活的话，那只能说你已经在某种程度上败给了别人。

这个时代没有要求你成为一个万能的多面手，只要你精通一门手艺，在别人眼中你就是可塑之才。这个世界说复杂也复杂，说简单也简单，不管风云如何变幻，有专长的人永远是最吃香的。他们很多人可以靠着自己的优势养活自己一辈子，甚至还可以为自己开拓一条通往成功的道路，在自己的领域干出一番惊天动地的事业。这就是专长的重要，这就是专长对于一个人来说的魅力所在。

世界著名男高音歌唱家、世界歌坛超级巨星鲁契亚诺·帕瓦罗蒂曾回忆说："当我还是个孩子的时候，我的父亲——一个普通的面包师，把我引入了歌的王国。他要我勤奋，以开发我嗓子的潜力。我家乡的一位职业歌星收我为徒，同时我还在一所师范学校就读。

"毕业时，我问父亲：'我是当教师呢，还是做个歌唱家？'

"我父亲回答说：'如果你要同时坐在两把椅子上，你可能会从两把椅子中间掉下去。生活要我们只能选一把椅子坐上去。'

"我选了一把椅子。经过7年的努力和失败，我才首次登台亮相。又过了7年，终于在大都会歌剧院演唱。现在想一想，不管你是搞建筑，或是写一本书——无论我们干什么——都应该把毕生精力献给它，矢志不移。这就是我成功的秘诀——只选一把椅子。"

人的一生，存在着一种危险，那就是"平庸"二字。知识是有一些的，但没有专长，有的人很好学，似乎什么都想学一点，杂是杂了些，又称不上"家"，所以仍然派不上用场。而学有专长，则是一条迅速成长之路。人各有所长，如果能以自己某一方面的专长为基础，坚持不懈地努力，去求发展，那肯定是很有前途的。

下面再来看一个"一线万金"的故事：

有一次，福特公司有一台大型电机发生了故障，特邀德国电机专家斯泰因梅茨"诊断"。他在这台大型电机边搭上帐篷，整整检查了一个昼夜，仔细听电机发出的声音，反复进行着各种计算，然后踩着梯子上上下下测量了一番，最后用粉笔在这台电机的某处画了一条线作记号。然后他又对福特公司的经理说："打开电机，把作记号地方的线圈减少16圈，故障即可排除。"工程师们半信半疑地照办了，结果电机运转正常了。众人为之一惊。

事后，斯泰因梅茨向福特公司要10000美金作为酬劳。有人忌妒说："画一条线就要10000美金，这是勒索。"斯泰因梅茨听后一笑，提笔在付款单上写道："用粉笔画一条线，1美元；知道在哪里画线9999美元！"

这就是专家的水平。看上去，他个人的所得实在太丰厚了，但如果仔细琢磨起来，他为这条线能够画得如此准确而付出的心血又怎能用金钱来衡量呢？再者，如果不是他准确无误地画准了这条线，福特公司为排除这一故障不知要花出比这一酬劳多多少倍的价钱呢！

由此看来，人才就是价值，人才就是财富，而人才又必须有专门的技能，有哪一家公司不愿招聘到一流的专业人才呢。你想在就业中获得一个好职位吗？请早早努力，尽快使自己成为某一方面的人才吧！

这个时代不需要庸才，而是需要那些有专长的人。因为时代的前进需要技术，需要专长，只有社会中的每一位精英都在自己的位置上不断地创造辉煌业绩，世界才能不断地向前推进。一个人一无所长是一件非常危险的事，这样的人是职场上最脆弱的一群，经不起一点风浪，很容易被淘汰出局。作为这个时代的竞争者，我们一定要做时代的强者，所以不管以前的你是什么样子，从现在开始，发现自己的优势，完善自己的专长，一切还都不算晚。相信你一定会用自己的优势走向一个又一个成功，在自己的领域独占鳌头，干出自己的成绩和事业。

第七辑
CHAPTER 7

常怀忧患意识，
迈过暗藏的险地

假如说，我们没有"忧患"的磨炼，没有失败教训的反思，要培养出刚强意志、进取精神，那是相当有难度的。先贤孟子将这些道理提炼到人生哲学的高度，他说"生于忧患而死于安乐"，可谓字字珠玑。是的，忧患足以使人生存发展，安乐却足以使人沉沦死亡。是故我们必须打通忧患意识，迈过那些人生中暗藏的险地。

避险第一步：要有"空杯心态"

曾经我们以为自己长大了，什么都懂，什么都明白，所以不知从什么时候就开始了自以为是的生活，老人的话听不进去，上司的教诲只当是耳旁风，就连面对朋友的劝告也是一脸的不耐烦。栽了跟头，吃了亏以后才明白自己什么都不是，还有很多的事情不明白。现在，我们真的应该慢慢谦卑起来了，因为只有先倒掉自己杯子里的水，我们才能得到更多、更新、更有用的东西。

有这样一个故事，颇有寓意，大家来看一下：

古时候有一个佛学造诣很深的人，听说某个寺庙里有位德高望重的老禅师，便去拜访。老禅师的徒弟接待他时，他态度傲慢，心想：我是佛学造诣很深的人，你算老几？后来老禅师十分恭敬地接待了他，并为他沏茶。可在倒水时，明明杯子已经满了，老禅师还不停地倒。他不解地问："大师，为什么杯子已经满了，还要往里倒？"大师说："是啊，既然已满了，干吗还要倒呢？"

禅师的意思是，既然你已经很有学问了，干吗还要到我这里求教？

这就是"空杯心态"的故事。它最直接的含义就是一个装满水的杯子很难接纳新东西，要将心里的"杯子"倒空，将自己所重视、在乎的很多东西，以及曾经辉煌的过去，从心态上彻底了结、清空，只有将心"倒空"了，才有胸怀接受新的东西，才能拥有更大的成功。这是每一个想有所发展的人所必须拥有的最重要的心态。

如今的我们，说大不大，说小也不小，经过了几年社会的磨砺，也许因为自大犯过不少错误，当自己跌跌撞撞地走到了现在，无论是已经成功，还是仍然在为成功而努力，多少都会在心中有些感慨。曾经的我们觉得自己什么都明白，但真的去做事的时候，却发现自己什么都不明白，正当我们双手空空地抱怨难道这就是人生的时候，突然明白了一件事情，那就是我们没有把自己思想里的那杯水倒干净，正是因为这个原因，新兴的知识和正确的意识总是倒不进自己的"杯子"，也就不能形成正确的思想和经验保存在我们的心里。这对于我们的人生而言，无疑是一个暗藏的险地。

下面这个故事是一个真实的教训：

爱迪生是人类历史上最伟大的发明家之一。他仅受过3个月的正式教育，一生却取得了1000多项专利。毫无疑问，爱迪生的成就是有目共睹的。然而，如此伟大的爱迪生，也曾在他的生命旅途中出现过"败走麦城"的一刻，这是为什么呢？

在白炽灯彻底获得市场认可后，爱迪生的电气公司开始建立电力网，输送直流电，由此开启了人类史上的电力时代。

当时，交流电技术开始崭露头角。发展交流电技术的威斯汀豪斯公司，想通过这项技术与爱迪生合作，受限于自大的心态和自己在直流电方面的投资利益，爱迪生不愿意承认交流电的价值。

威斯汀豪斯公司的提议，被爱迪生拒绝。为了固守住自己在直流电方面取得的成就，爱迪生固执地站在交流电的对立面，以自己的影响力宣讲"交流电不如直流电"。自谋出路的威斯汀豪斯公司一度被爱迪生电气公司压得抬不起头。然而，谁也无法逆转社会的发展规律，交流电这个新生事物终以锐不可当之势浮出水面，赢得了世人的认可。在铁的事实面前，那些曾经崇拜、迷信爱迪生的人们惊讶地发现：爱迪生做错了！交流电的确比直流电好得多。

爱迪生电气公司的员工和股东们以此为鉴，他们一致决定将公司名字中的"爱迪生"三个字去掉。在后来的发展中，这家电气公司逐渐演变为今天的国际顶级企业之一的通用电气公司。

爱迪生辉煌了大半生，却在直流电和交流电这个问题上栽了个大跟头。他扼杀新生的交流电，成为他一生抹不去的一个污点。爱迪生之所以会犯下这样一个错误，与他不能让自己保持"空杯心态"密切相关。由此可见，干工作不能有一点成就就沾沾自喜，因为今天的成就不能代表明天，明天也不能代表后天。我们每天工作时都应该重新停留在新的起点上，因为起点才能让我们更渴望到达终点，才能让我们满怀信心，从零开始，把一切成就都抛到脑后，取得更多的辉煌。

当我们拥有一个"空杯子"的时候，心态会是什么样的呢？也许我们感到事态的不公，成功的道路是那样遥远，起步是那样艰难，每走一步都可能有摔跟头的可能，慢慢地，我们积累了一些知识，而杯中的"水"也慢慢变多，从无到有；从差之千里，到今天这个辉煌的业绩；从一个见底的"杯子"，到最后成为一个满杯子。

林语堂大师曾经说过这样一句话："人生在世，幼时认为什么都不懂，大学时以为什么都懂，毕业后才知道什么都不懂，中年又以为什么都懂，到晚年才觉悟一切都不懂。"空杯心态就是随时对自己拥有的知识和能力进行重整，就是永远不自满，永远在学习，永远保持身心的活力。拥有空杯心态的人就像一个攀登者，攀越的过程，最让人沉醉。因为这个过程，充满了新奇和挑战，下一座山峰，才是最有魅力的。正是这种空杯心态，让很多人的人生渐入佳境。

其实，这个世界上有很多东西值得学习，即便你很有才华，在自己工作的领域也有很高的造诣，也要明白天外有天，人外有人的道理。要想不被这个时代淘汰，要想得到更多的知识，就不要总是顽固地坚守着自己"杯子里的水"而不愿意倒出来，总是抬着自己那孤傲自满的头，对别人的言辞表示轻视。这个世界上最聪明的人，往往都是那些虚心求教的人，只有"倒空"自己，才能将新的知识容纳进来，只有把自己"杯中的水"倒出来，才能给新的知识留出一个存放的位置。

避险第二步：气勿太盛，太盛则危

《菜根谭》中说："恩里由来生害，故快意时，须早回首"。这是在告诉我们：人在得到恩惠时往往会招来祸害，所以在得心快意时要想到早点回头。

得意时早回头,这是先贤们根据长期生活积累而出的经验之谈,其政治含义很深。在王权至高无上的历史时期,很多智冠天下的重臣都会选择"功成身退",对历史或是权术有所了解的朋友很清楚,这是因为他们害怕"功高震主身危"!当然,如今我们处在一个和谐的社会,没那么多权力争斗,也不至于产生如此严重的后果,但是,"得意时早回首"——这句箴言对于我们经营人生而言,仍然具有非常重要的警示意义。因为,凡事做得太过,风头太健,力量用到极点,往往会令我们失去回旋的余地,因而也就不能转过身来保护自己。我们看,那些功高震主又得意忘形、不知进退的政治家莫不如是,他们会掉脑袋,而作为普通人的我们,如果锐气太盛,往往就会乐极生悲,摔大跟头倒大霉。在网络论坛上,就有一位年轻的中层管理者曾这样抱怨:"我只不过想将自己的才华尽量展现出来,没想到就遭到那帮老家伙的合力打压,他们攻击我,甚至陷害我,把我整得好惨,我庆幸没有出生在古代,否则,恐怕这条小命就要交代了。"事实上,类似这位年轻经理的遭遇在现实社会中是很常见的,这就是人性——行高于人,众必非之。所以在这里给各位朋友一个忠告:气不宜太盛,太盛则危!人生得意之时,我们务必要保持冷静、理智的大脑,倘若太过疏狂,难免要引火烧身,得意之情太过,即便是身边至亲之人,也会心生反感的。人在失意以后还要遭受罪责,这都是在得意之时埋下的祸根,是故我们不能不时时谨慎小心。

在生活中,如果说某位朋友感觉自己有一点盛气凌人的嫌疑,那么以下几点我们真的需要注意了!

谨记:人前莫太露峥嵘。

正所谓"显眼的花草易招摧折",自古才子遭嫉、美人招妒的事难道还少吗?所以,无论我们拥有怎样的资本,都没炫耀、显露的必要。要知道,人性往往有阴暗的一面,一旦你大意了,张扬了,你或许本身并没有夸耀逞强的意思,但别人早已看你不顺眼。如若这时你还不能及时醒悟,赶紧用低调的策略保护自己,你就是在将自己置于吉凶未卜的旋涡急流当中,到时,即使你想抽身也难了。

"树大招风,才高遭忌"这是古往今来的通病。我们如果想要与别人不一样、想要特立独行?那好,先过了众人这关再说,不被"群殴致伤",说明你已经很幸运了。为什么?当然是忌妒了!此外,大家都是这个样子,你为何要显摆?要让自己与众不同?不"围殴"你还能殴谁?

所以说,咱们做人还是含蓄、低调一点好,切不要锋芒毕露。要知道,锋芒在彰显我们个人才华的同时,很容易刺伤身边的人,激起他们的忌妒心理,这岂不是自找苦吃?会为人者,应懂得锋芒内敛,韬光养晦,以免成为别人的眼中刺、肉中钉。

穷寇莫追,留一份余地。

就算我们有能力将别人置之死地,也不要太绝、太狠,让人一活路,才能留己一财路。你要知道,兔子急了还咬人呢!兔子本是温顺的动物,它为什么要咬人?因为你把它逼上了绝路,它不得不孤注一掷!兵法上说:穷寇莫追!讲的也是这个道理,穷寇一追,便做困兽斗,不是你死就是我亡,会给我们造成不必要的伤害。我们做人做事但凡能懂得这个常识,不恃强骄横,给人家留下一条活路,自己也将受益无穷。生活中有些朋友就是霸气过了头,偏偏喜欢落井下石、斩尽杀绝,结果呢,非但没把对手置之死地不说，反而自己的路越走越窄。

有一位做贸易生意的朋友，经商颇有几分手腕，短短几年内便运用"大鱼吃小鱼"的策略，吞并了当地数十家具有一定规模的同行业企业，组建了一个形成局部垄断的大集团。他最常挂在嘴边的话就是"无毒不丈夫"，出手毒辣，不留余地，所以扩张得非常快。

也因为如此，他得罪了很多人，尤其是那些失去当前财路、又没有机会另寻生路的人，更是对他恨之入骨。于是，就在他的公司蒸蒸日上、名声达到顶峰之时，那些被他逼入穷巷的对手联合起来，竭力收集他经商中违规操作的证据，举报给经侦部门。这个霸道十足的商业帝国，就这样顷刻间轰然坍塌。

遗憾的是，我们之中有很多人就是想不明白个中道理，于是在得意之时，就会将压抑已久的张狂、独断与专横暴露出来，亦有可能会得寸进尺、欲求更多，因而趾高气扬、指手画脚、盛气凌人，或是逆势而行，完全一副"当今天下，谁能挡我"的架势，骄横而不可一世。而这样的人，到头来会有好的结局吗？肯定不会！

人，往往因为壮大，便开始滋生自负、自满的情绪，于是心里除了自己也就没有谁了。而危险，多半就潜藏在我们那颗盛气凌人的心中，在我们仰天大笑、疏于防范之时突然出现，令我们防不胜防。所以，无论现状有多好，我们时时都要具有忧患意识。只有居安思危，做好迎接厄运到来的思想准备，才能使"盈满"的状态保持长久，一旦危机来临，也不会措手不及。

张狂骄傲，不可一世会让我们的人生迷失方向。当我们"煮酒论英雄"之时，可曾想过"山外青山楼外楼"的道理？是否明白我们只是芸芸众生中的一粒微尘？就此而言，我们是不是更该谨慎？是不是该在稳中求进、人前多恭谦、得意时多低调？

　　天道忌盈，人事惧满，月盈则亏，花开则谢，这些虽然是出于天理循环，实际上也是人的盈亏之道。事业达于一半时，一切皆是生机向上的状态，那时可以品味成功的喜悦；事业达于顶峰时，就要以"如临深渊，如履薄冰"的态度来待人接物，只有如此才能持盈保泰，永享幸福。否极泰来，物极必反，就像喝酒喝到烂醉如泥，就会使畅饮变成受罪。有些人就上演了使后人复哀后人的悲剧。往往事业初创时大家小心谨慎，而到成功之时，不仅骄奢之心来了，夺权争利之事也多了。所以每个欲有作为的朋友都应记住"月盈则亏，履满宜慎"的道理。

　　所以说我们做人，还是深沉一点好。不要为一时之得意而忘乎所以，不把任何人放在眼里，以至招来非议，断了自己的后路。须知，乐极反而生悲。

避险第三步：远离好高骛远的陷阱

　　我们是不是会这样？——刚刚迈出校门，就想着"执掌帅印"；刚刚开始创业，就想着富甲天下。对于小事，我们不屑为之，一鸣惊人、震动天下才是我们的"理想"所在。倘若要我们从底层做起，岂有此理！

那是屈才，是做领导的有眼无珠、大材小用！为什么做不出成绩？是自己生不逢时，是因为没有伯乐赏识！但我们可曾静下心想过，自己究竟做过些什么？答案是——没有！

那么，我们是不是总觉得自己高人一等，是不是总觉得自己处处都比别人更强？谁都能做的工作让我们去做？——我们不甘心、不情愿，因为："大丈夫处世，当扫天下，安事一屋？"我们激情四溢、志存高远，可是老大不小却依然一事无成，于是我们徒呼："奈何！心比天高，命比纸薄！"可是，我们是否仔细思考过，这"命比纸薄"的根结在哪儿？答案依然是——没有！

我们是不是时常这样抱怨："每天都要做些鸡毛蒜皮的小事，烦都烦死了，这不是浪费生命吗？难道我宝贵的青春就要在这些小事上消磨殆尽？"答案很可能是——是的！

如果上述种种情况都曾在我们身上出现过，甚至还在延续，那么很不幸，我们患上了一种顽疾，它的名字叫"好高骛远"！

谁如果感染了这种病毒，那么他的心灵必然会受到侵害，他甚至会认为，人生可以不经过程而直奔终点，不从卑俗而直达高雅，舍弃细小而直达广大，跳过近前而直达远方。这会直接导致他在人生操作上犯下大错误，乃至跌下大跟头！

那么，就让我们来简析一下这种顽疾的成因。它始于心性高傲，成于轻浮于世。也就是说，过高的心性令我们对自己、对现实产生了错误的认识，于是我们盲目认为自己就是做大事的料，认为自己就只应该做大事。接着，我们开始等待做大事的机遇来临，只是这一等，便不知等待了多少个春秋。慢慢我们发现，身边的一切貌似都在改变，曾经的同事如今变成了上司,曾经的穷小子如今已然事业有成……而不变的只有我们自己的心性,我们依然在高傲地等待着,只是不知,还要等待多少个年头……这,便是我们"命比纸薄"的根结所在!

如果说我们想改变这种状态,那就只有一剂良药可用——脚踏实地。

一位哲人曾经说过:"好高骛远会导致人生大败,脚踏实地则更容易成就未来。"很多时候我们都错误地将"好高骛远"当成是"目标远大",其实不然。诚然,它们都是对人生的一种向往和憧憬,而二者的区别就在于,能否脚踏实地地为目标的实现付出足够的努力。我们蹒跚学步时都有这样的体会,当我们走不稳时若想去跑,那必然会摔跟头,其实在人生路上行走也是如此,我们只有踏踏实实地经营好每一个环节,才能保证人生大厦不会倾覆。路标永远指向前方,但是前进的道路却在我们脚下,只有实实在在地走好每一步,才能够走得更稳、更远。

事实上,小至个人,大到一个公司、企业,它们的成功发展,都是来源于平凡的积累。因此,请不要看轻任何一件所谓的小事,因为没有人可以一步登天。当我们认真对待并做好每一件事时,我们会发现自己的人生之路越来越宽,成功的机遇也会接踵而至。

人,如果能一心一意做事,世间就没有做不好的事。这里所讲的事,有大事,也有小事,所谓大事与小事,只是相对而言。很多时候,小事不一定就真的小,大事不一定就真的大,大事小事可能很有关联,小事积成大事。关键在做事者的认识能力。我们一心想做大事,常常对小事嗤之以鼻,不屑一顾,其实可能连小事都做不好,还妄谈什么成功?

先哲们常教我们:"勿以善小而不为,勿以恶小而为之。"这是因为先哲们明白,"小事正可于细微处见精神。有做小事的精神,就能产生做大事的气魄。"所以不要小看做小事,不要讨厌做小事。只要有益于工作,有益于事业,我们就能用小事堆砌起事业的大厦,堆砌起人生的长城。

其实许多小事并不小,那种认为小事可以被忽略、置之不理的想法,只会令我们错失很多机遇。美国标准石油公司曾有一位小职员,他的名字叫"阿基勃特"。他在出差时,每到一家旅馆都会在自己的签名下方写上——"每桶4美元的标准石油",在书信及收据上也不例外,签了名,就一定会写上那几个字。他因此被同事叫作"每桶4美元",而他的真名倒没有人叫了。

公司董事长洛克菲勒知道这件事后说道:"竟有如此努力为公司做宣传的职员?我要见见他。"于是,洛克菲勒邀请阿基勃特共进晚餐。

后来,洛克菲勒卸任,阿基勃特成了第二任董事长。

也许在我们大多数人眼中,阿基勃特签名时署上"每桶4美元的标准石油",这实在是小事一件,甚至有人会嘲笑他。可是这件小事,阿基勃特却做了,并坚持把这件小事做到了极致。在那些嘲笑他的人中,肯定有不少人的才华、能力在他之上,可是最后,他却成了董事长。一个人的成功,有时纯属偶然,可是谁又敢说,那不是一种必然呢?

进步需要一点一滴的努力,就像"罗马不是一天建成的"一样,每一个重大的成就,都是一系列小成就逐渐累积的结果。而很多时候,我们人生的失误就在于好高骛远、不切实际,既脱离了现实,又脱离了自身,总是这也看不惯,那也看不惯。或者以为周围的一切都与我们为难,或者不屑于周围的一切,不能正视自身,没有自知之明。其实,我们该掂量自己有多大的本事,有多少能耐,要知道自己有什么缺陷,不要以己之所长去比人之所短。

脱离了现实便只能令我们生活在虚幻之中,脱离了自身便只能让我们见到一个无限夸大的变形金刚。不能脚踏实地,只能在空中飘着,那所有的远大目标也只不过是海市蜃楼。有时,某些人看似一夜成功,但是如果你仔细看看他们以往的奋斗历史,就知道他们的成功绝非偶然——他们早就投入了无数的心血,打好了坚固的基础。

避险第四步:改掉逞能的毛病

人有"逞能"的习惯,你我都一样,不用不好意思。其实人活在世上,有时真有必要去"逞逞能",譬如在民族大义面前,譬如有人触犯了我们的原则底线,那么即使明知不可为,或许也要硬为之了。

我们这里所说的逞能其实是一种盲目的心理状态,比如有人奉承你两句,你便觉得自己无所不能,也不衡量自己有多少斤两,就硬着头皮去做自己力不能及的事情,结果怎么样?不但事做不成,还常常令自己颜面扫地。

是的,有时我们需要一点"明知山有虎,偏向虎山行"的精神,以此来激励自己的人生,让自己的心灵更加坚韧顽强,但有时我们也要懂得一点变通和放弃。就像著名学者林语堂先生所说的那样——"明智的放弃胜过盲目的执着。"打肿脸充胖子的事谁都能做，但为什么要做？累不累？值不值得？充了胖子别人就会觉得你能耐、觉得你英雄、觉得你仗义吗？未必。倒是很多时候，我们费了不少力，换来的却是讥笑与嘲讽。这怪不得别人，只怪我们自己太自不量力。

不是吗？自己没有金钢钻，为何要揽瓷器活？人是要有自知之明的，要清楚自己的极限在哪儿，凡事量力而行、尽力而为。场面上，有多大酒量，咱们就喝多少酒，不要喝伤自己；有多少能耐，咱们就出多大力，不要累垮自己！你想学武松一样上山打虎，那你就要先练就武松的本事，否则岂不是白白葬送性命？

"不抛弃，不放弃！"——自从电视剧《士兵突击》热播以后，这句话俨然成了人们自我激励的口号，是的，一个"人"字昂然挺立，的确应该具备百折不挠的毅力与决心，这是对信念的忠诚，对生命的坚守，但凡事都不可太绝对。这世间的事纷扰复杂，充满变数，我们需要斗志，但更需要睿智。刘欢老师的《好汉歌》中有这样一句——"该出手时就出手，风风火火闯九州"，我们有没有发现这句话的潜台词？那就是——"不该出手就别出手，稳稳当当世上走"！这是人生的另一种智慧。

英国著名作家狄更斯早就告诫我们："如果你以为仅凭一腔热情就能办到一切，那你还不如趁早放弃这次行动。"这与我国古代大思想家李耳先生不谋而合——"知足常乐，终身不辱；知止常止，终身不耻。"事实上，当我们缺乏准确判断而做出某种非理性坚持时，它就会成为自不量力的代名词，成为盲目和狂热的蠢行，倘若依旧一意孤行，就很可能会伤及心灵，甚至是你的人生。

有位朋友师院毕业，被分到市属中学工作，正赶上市教委要求该校抽调人员对全市的中学进行实地考察，并要求写出相应的调查报告。这位朋友还没有被安排授课，因此便选中了他。起初，他感到很为难——自己刚出校门，不仅对本市教学情况不了解，就是对教育工作本身，也知之尚少，何况自己本就不想参加。无奈，校长已经开了口，碍于情面，实在不好拒绝。

一个月后，别人都按时上交了调查报告，唯有他一个，由于不谙世故，又缺乏经验，对自己分工调查的三个中学连情况都没摸准，更不用说分析了。市教委主任很是恼火，大斥校长不会用人，这位朋友面子上受不了了，又气又愧，最后只好以辞职来解脱自己。

这位朋友当初为了照顾别人的情面，最终自己面子难保，身心都受到了巨大伤害。这对他而言应该是个很深刻的教训。然而，这对我们而言又何尝不是一种启示呢？如果因为面子问题，不管三七二十一地一味应承，事若不成，不但对方的不悦会升级，而且对于我们也是一种打击。所以说，无论做什么事，我们都要量力而行，对于力所不及的事情，就要明智地放弃，别怕丢面子，也别怕别人不高兴，因为这已经超出了我们的能力范围，不是我们懦弱，而是我们真的不能。

有一位登山队员，在攀登珠峰时由于体力已接近透支，便在8000米的高度停了下来。后来他向朋友说起此事，大多朋友都为他感到惋惜——"怎么不坚持一下"、"咬一咬牙关就过去了"……他却笑着说："不，我自己很清楚，8000米已经是我能够登上的最高高度，我一点也不感到遗憾。"

"已经是我能够登上的最高高度，我一点也不感到遗憾。"简单的一句话，却显得那样睿智，倘若人人都能如此自知，那么我们的人生必然会减少很多悲剧。

不论做什么事，只要我们尽力了，但若是仍与期望值存在一定差距，并且可以确定这差距无法严丝合缝，那么索性就放弃吧。其实承认自己有所不能并不丢脸，知事明理的朋友也不会因此小看你，毕竟你不是上帝。

人生这条路说长不长、说短不短，可我们的精力有限，能不能少走一些弯路，就看你心中是否有一个准确的衡量，是否对成功的概率有一个准确的预算——是"八九不离十"还是"十万八千里"？倘若是后者，那么奉劝大家趁早改弦易张，这样对谁都好，也不会给自己留下"蚍蜉撼树"的笑柄。

其实说了这么多就是想告诉大家，人生成功的秘诀就在于——量力而行，尽力而为。

避险第五步：常存敌患意识

正所谓"害人之心不可有，防人之心不可无"，生活在这个纷扰复杂的社会中，我们有必要提高警惕，不要对谁都掏心掏肺，你的意识中需要有潜在敌人的存在。

亦如老辈人所说的那样，我们在与人交往时应谨记——"多听少说常点头，逢人只说三分话，不可全交一片心。"这句话说得相当浅白，字面意思根本无须解释。但为何要如此去做？这就未必人人都懂了。下面，我们就来简单剖析一下。

"多听"，就是多听别人说，听别人的做事经验，听别人的人际恩怨，听别人话语透露出来的有关周围环境的讯息……你多听，别人就会因为你"多听"而多说，他说得越多，你知道得越多。

"少说"，能多听。少说不但可以"导引"对方多说，还可以避免流露自己的内心秘密，更可以避免说错话，得罪别人。少说，你就成了一个冷静的旁观者，一切的一切，都在你的掌握之中。

"常点头"并不是要你做个没有主见的应声虫，而是避免成为别人眼中"不合群"的人。也就是说，听别人说话时，多点头，表示你的专注和附和，如果有不同意见，也要先点头再提出。无关紧要的事，不必坚持己见，多点头附和，并且配合。这样一来，人人都会乐于与你结交，你也就没有走不通的路了。

"多听少说常点头"的原理就在于顺着客观环境，避免突出自己，为的是减少别人对你的可能伤害。

"逢人只说三分话，不可全交一片心"，意思是说，对还不了解的人，无论说话或做事，都要有所保留，不可一厢情愿。

"逢人只说三分话，不可全交一片心"，并不是要你做个虚伪、城府极深的人，而是因为人性太过复杂，你若"赤裸相对"，很有可能会"受伤"。

把心掏出来，代表你的真诚和热情。但这个世界上，你把心掏出以后，他也倾心以对的人委实不多。如此一来，若是对方别有居心，你的弱点就会暴露无遗，会玩手段的人，更是可以因此把你玩弄于股掌之中。

张仪是个文静的姑娘，有一次痛苦的失恋经历，她告诉同事，她的男朋友甩了她，去和别的女孩子好了。这件事传到老板耳朵里，老板在会上说："有的人连男朋友都摆不平，公司的事怎么可能放心交给她处理呢？自己的私事都四处宣扬，又怎能放心将公司的秘密交给她呢？"

职场是个残酷的竞技场，每个人都有可能成为你的对手，就算是合作很好的拍档，也可能突然反过脸来攻击你。所以无论是在生活中，还是工作中，我们应尽量将自己的私事藏在心底，以免落人口实，受人暗算。

此外，另有一种人，你把心交给他，他非但不会尊重你，反而会将你看轻。事实上，很多人确实有这种劣性，你对他越冷淡，他反而越敬你、怕你。换言之，对于某些人而言，太容易得到的感情，他是不会去珍惜的。试问，如此，你的付出还有必要吗？至于你与他的关系，就更不用想着有什么发展了。

还有一种情况值得我们注意——倘若对方是个行事谨慎的人，你一下子把心掏出来，反而会吓到他，他会因此怀疑你的坦诚是另有目的。如果这样，你岂不是弄巧成拙，搬起石头砸自己的脚了吗？

试问，你把心掏给人家，结果没有得到相等的对待，那种被"抛弃"、"背叛"的感觉好受吗？进一步说，你愿意为自己的"掏心"之举，付出惨痛甚至是不可挽回的代价吗？

所以说，与其把心一下子掏出来，不如慢慢观察对方，有了了解之后再"交心"。你可以不虚伪，坦坦荡荡，但绝不可把感情放进去，要预留空间作为思考、缓冲之用——不掺杂感情因素，那么一切就好办了。

不可全抛一片心，这与坦诚无关，实在是顾虑到现实的人性特点。要知道，每一个人都有可能成为你的敌人，不能不防啊！

所以我们说，做人切不可太老实，多少要给自己留点心眼。常言道："害人之心不可有，防人之心不可无。"在这个人心复杂的世界上，凡事多留下一点心智，才能保证自己不受伤害。

避险第六步：警惕糖衣炮弹

谁都喜欢听别人的赞美之词。然而，很多时候，很多人正是利用我们的这一心理特点，为我们布下了一个甜美的陷阱，他们奖励我们的错误，赞美我们的缺点，对我们的一切行为都不加选择地赞美，于是，很多朋友都因为沉浸在甜言蜜语里而迷失了自己，让人扼腕叹息。假如说朋友，我们还没陷入这种境地，那么不妨先给自己浇一瓢凉水，让自己的心有所警惕。

记得有这样一则故事，很有寓意，想必会给大家带来一些启示：

说是在古朴宁静的小乡村里，有一棵枝叶茂盛的大榕树。在这棵榕树下摆有几张石椅，这里正是村民夏日纳凉的最好去处。

一天中午，熏风习习，有个满头白发的老人正在树下乘凉。在阵阵微风吹拂下，老人家忍不住昏昏欲睡。

忽然，有水滴从天而降，淋得老人家全身都湿了。

他抬头一看，原来不是雨滴，而是树上有个小男孩正在他的头上撒尿，还恶狠狠地扮了一个鬼脸。

"臭小子，你居然在我头上撒尿！下来，看我不揍你一顿才怪！"

老人家指着小男孩大骂，还气得浑身发抖。

谁知小男孩一点也不害怕，还顽皮地吐舌道："嘻嘻，我才不怕你呢！有本事，你爬上来啊！"

老人气得说不出话来，隔了一会儿，只见他颤抖着手，从口袋里拿了一张10元纸币，并放在石椅上，还皮笑肉不笑地说："好小子，你有种！算我服了你，小小年纪就天不怕地不怕，将来一定有出息！天气这么热，这10块钱我请你吃雪糕吧！"

老人说完后，便拄着拐杖，头也不回地走了。

等老人一走远，小男孩便利落地从树上跳下来，开心地拿起老人留下的10块钱，心想："在人家头上撒尿，还能得到钱，这个游戏不错！"

尝到甜头的男孩，第二天故技重施。这回，树下是一个中年人，他照例对准他的头上撒尿。

看着树下气得七窍生烟的中年人，这个顽皮的小男孩又挑衅地说："有本事你上来啊！"

没想到这个中年人二话不说，立即爬到树上，将小男孩揪了下来，狠狠地痛打了一顿。

小男孩在尝到甜头后，故技重施，然而，他不知道自己已落入老人的圈套中，而且每前进一步都是失败的步伐。

由此可见，每个人都是喜欢被赞美，即便小孩子也不外如是。然而，在这么多歌功颂德的赞词里面，我们究竟能否分清哪些是肺腑之言？哪些又是阿谀之语？事实上我们必须认识到，那些过度的赞美说穿了就是另一种极度的虚伪、是有目的的奉承，所以我们听人说话不要只挑好听的听，也不要老是沉浸在甜言蜜语里，因为这些都会使我们迷失方向。

当年《莫斯科时报》曾刊登一则报道，透露了一则趣事。

报道里提到，有一年，俄罗斯总统叶利钦决定，这年夏天要在邻近芬兰的度假胜地卡雷利亚的北部度假，而且在这段休息的时间内，他每天都会去钓鱼。

接到消息的当地官员，为确保总统能够钓到鱼，便暗中在乌克苏泽罗湖里放入一万条鱼。

这个消息是卡雷利亚渔业委员会的一名官员透露的，他说："这是市政府为确保总统能愉快地度假，要求我们做的。"

这名官员还得意地说："其实，叶利钦总统一点儿也不善于钓鱼。不过，第一天他居然钓了20多条鱼，第二天他更是钓了30多条，这样的钓鱼技术令当地的渔民惊讶不已，也获得众人一致的赞美。"

当然，关于这个安排，叶利钦本人事先毫不知情，因此为自己的杰出表现感到沾沾自喜。

这就像老布什总统卸任后，有一天突然有感而发地说："自从卸职后，我才发现，比我会打高尔夫球的人居然这么多。"于是他得出这样的体会：当人们有求于我们或是对我们别有企图时，他们对待我们的方式，就只有"迎合"两个字。于是，我们在迎合的遮掩下，看不见自己的缺点，也无法让自己有任何成长。

发生在这些人身上的事向我们敲响了警钟，它告诉我们：言不由衷地夸大赞美，是许多阿谀之人惯用的方式。事实上，过度的赞美别人会损害我们的人格，而不加选择地接受赞美同样会给我们带来无法弥补的伤害。所以说，给人合适的赞美和懂得聆听真心的赞美，对于每个人而言，都是非常重要的。